中国高校艺术专业技能与实践系列教材

中国轻工业“十三五”规划教材

针织服装设计与技术

潘早霞　严　华　主编
陈　珊　施丽娟　副主编

人民美術出版社
北京

本教材为中国轻工业“十三五”规划教材

图书在版编目（CIP）数据

针织服装设计与技术 / 潘早霞, 严华主编 ; 陈珊,
施丽娟副主编. -- 北京 : 人民美术出版社, 2022.6
中国高校艺术专业技能与实践系列教材
ISBN 978-7-102-08929-4

Ⅰ. ①针… Ⅱ. ①潘… ②严… ③陈… ④施… Ⅲ.
①针织物－服装设计－高等学校－教材 Ⅳ. ①TS186.3

中国版本图书馆CIP数据核字(2022)第070551号

中国高校艺术专业技能与实践系列教材
ZHONGGUO GAOXIAO YISHU ZHUANYE JINENG YU SHIJIAN XILIE JIAOCAI

针织服装设计与技术

ZHENZHI FUZHUANG SHEJI YU JISHU

编辑出版 人民美術出版社
（北京市朝阳区东三环南路甲3号 邮编：100022）
http://www.renmei.com.cn
发行部：（010）67517602
网购部：（010）67517743

主　　编 潘早霞 严 华
副 主 编 陈 珊 施丽娟
责任编辑 胡 姣
装帧设计 王 珏
责任校对 李 杨
责任印制 胡雨竹
制　　版 朝花制版中心
印　　刷 雅迪云印（天津）科技有限公司
经　　销 全国新华书店

开　本：787mm×1092mm　1/16
印　张：6.75
字　数：102千
版　次：2022年6月　第1版
印　次：2022年6月　第1次印刷
印　数：0001—3000册
ISBN 978-7-102-08929-4
定　价：58.00元
如有印装质量问题影响阅读，请与我社联系调换。（010）67517812

CONTENTS

目　录

项目一　针织服装设计认知

【项目介绍】

本项目包含两个任务：其一，介绍针织服装的概念、特点、分类及设计发展趋势等相关知识，并运用所学知识对针织服装和梭织服装的结构、性能特点及生产流程进行比较；其二，对针织服装的组织结构、造型、色彩及装饰等设计要素进行分析，并在此基础上进行实践训练。

【知识目标】

- 掌握针织服装面料肌理设计方法
- 掌握针织服装造型设计方法
- 掌握针织服装色彩设计方法
- 掌握针织服装装饰设计方法

【能力目标】

- 能完成针织面料基本组织的编织
- 能绘制不同造型针织服装的款式图
- 能灵活运用色彩设计原理进行针织服装的配色设计
- 能熟练运用不同的装饰手法进行针织服装的装饰设计

任务一 针织服装认知

【提出任务】

长期以来，针织服装因其独特的结构和优良的特性而深受广大消费者的喜爱。如今无论是在各大时装之都的秀场上，还是在线上或线下的时装店里，针织服装几乎已经成为每个成熟品牌产品线中不可缺少的重要组成部分。我们需了解针织服装的概念、特点及分类等相关知识，并运用所学知识进行针织服装和梭织服装实物比较，说出它们的异同点。

【相关知识】

一、针织服装的概念、特点和分类

（一）针织服装的概念

针织服装是指采用针织坯布加工而成或采用纱线直接编织成形的服装。它包括裁剪类针织服装和成形类针织服装。裁剪类针织服装是指采用针织坯布经过铺布、裁剪、缝纫等工序加工而成的服装；成形类针织服装是指由纱线直接编织成形的服装。

（二）针织服装的特点

1. 延伸性和弹性

针织服装在外力作用下会沿着受力方向延伸，并能在外力消失后很快地部分或全部恢复原状，延伸性和弹性优良，是内衣、泳装、运动服、休闲服及家居服等服装的理想选择，舒适、合体、方便人体活动。

2. 脱散性

当针织服装上的纱线断裂或线圈失去串套连接时，针织物会按一定方向脱散，使线圈与线圈之间发生分离现象。

3. 卷边性

单面针织物在自由状态下边缘会产生包卷现象，称为卷边性。双面针织物没有卷边性。设计师在设计时可以反弊为利，利用针织物的卷边性形成独特的花纹或分割线，使服装得到特殊的外观风格。

4. 透气性和保暖性

针织面料的孔状线圈结构不仅使其具有良好的透气性能，同时还能保存较多的空气，减缓身体热量的传导，使织物具有很好的保暖功能，即适合做春夏装，又适合做秋冬装。

5. 勾丝与起毛、起球

针织服装在使用过程中碰到尖锐的物体时，其中的纤维或纱线就会被勾出，称为勾丝。另外针织服装在穿着、洗涤过程中不断受到摩擦时，纱线表面的纤维端露出织物表面，发生起毛。当起毛的纤维端在以后的穿着中不能及时脱落时，就会相互纠缠在一起形成球形小粒，即起球。不过大家不必为此苦恼，购买一个针织服装去球器即可解决起毛、起球问题。

6. 缩率

针织服装在加工、使用过程中长度或宽度变化的百分率，常分下机缩率、染整缩率、水洗缩率、迟缓回复缩率。为了避免出现“成人装变童装”的尴尬效果，一般针织服装在生产过程中都要进行多次防缩处理。

（三）针织服装的分类

针织服装的分类方法有多种，关于针织服装的分类目前并没有统一的标准。我们常用的分类方法有以下几种：按原材料分为棉针织服装、麻针织服装、丝针织服装、毛针织服装、化纤针织服装及不同材料混纺针织服装；按款式分为套头衫、开襟衫、背心、裙、裤及配件；按生产工艺分为裁剪类针织服装和成形类针织服装。

二、针织服装设计发展趋势

（一）时尚化

针织服装具有透气性好、伸缩性强和舒适等特点，深受消费者的青睐，但随着人们生活水平的不断提高，穿衣档次自然也在不断提高，很多人已经不满足于针织服装的基本功能，而是开始追求时尚化的针织服装（针织外衣和针织内衣都是如此）。

（二）高档化

世界经济的发展、科技的进步及市场经济的激烈竞争，都促使针织服装向高档化发展。如现代丰富多彩的麻型针织服装不仅具有麻纱感，而且凉爽、吸湿性好；再如真丝加捻针织服装，除了具有真丝的优良性能外，面料手感更丰满，而且较硬挺有身骨，尺寸稳定性好，具有较好的抗皱性，是高档职业装、休闲装的理想面料。

（三）功能化

21 世纪，科学技术的快速发展和多种功能纤维的介入，促使针织服装日益向功能化发展。功能性针织服装的实现形式有：采用功能性原料制作针织服装；在染整方面采用植物染料（健康）、新型染化料助剂和双面低给液新技术来实现针织服装的所需功能；采用先进的编织技术制作针织服装，如 2016 年 Adidas 首次采用 Primeknit 编织技术制作运动服装，使服装变得轻便、舒适、耐穿、环保；在针织服装上应用智能调温、抗菌、抗紫外线等新技术，生产出多功能针织产品。

（四）生态化

21 世纪，可持续发展是人类社会发展的重要主题和方向。服装产业链从原料到成品的每一个环节，都有可能对环境造成巨大的污染，并给从业人员和消费者的健康带来危害。在这样的背景下，低碳环保的生态设计理念日益成为服装发展的重要潮流。生态设计的指导原则：生产过程中应用新技术减少浪费；延长产品的生命周期，倡导慢时尚；采用可循环再生的原材料，提高材料的利用率；回收旧衣物再设计，减轻自然环境的负荷。

【实施任务】

针织服装与梭织服装的比较：在查阅资料和参观企业的基础上，结合所学的专业知识，从结构、性能、生产流程等多个方面对针织服装和梭织服装进行比较，从而加深对针织服装的认知，如表 1-1-1 所示：

表 1-1-1　针织服装与梭织服装的比较

	织物结构比较	服用性能比较	生产流程比较
针织服装	针织物是由纱线弯曲成线圈，线圈相互串套形成。线圈是其最小基本项目。	针织服装延伸性和弹性优良，透气性好，手感松软，穿着舒适、无拘束感。但尺寸稳定性较差（会变形），不够挺括，易勾丝和起毛、起球，部分产品会卷边，结构相对较松，易磨损，会脱散。	裁剪类针织服装生产流程：面、辅料进厂→检验→打版→制定工艺文件→衣片裁剪→裁片检验→裁片缝合→修饰→整理定型→成衣检验→包装→入库。 成形类针织服装生产流程：纱线进厂→检验→络纱→制作编织工艺单→衣片编织→衣片检验→衣片缝合→修饰→整理定型→成衣检验→包装→入库。
梭织服装	梭织物是由经纱和纬纱垂直交织而成。每一个相交点称为组织点，是梭织物的最小基本项目。	梭织服装结构稳定，牢固耐磨，表面光洁、挺括，不易变形。但其延伸性、弹性和透气性较差，手感挺硬，对人体运动的适应性较差。	梭织服装生产流程：面、辅料进厂→检验→打版→制定工艺文件→衣片裁剪→裁片检验→裁片缝合→修饰→整理定型→成衣检验→包装→入库。

任务二　设计要素分析与实践训练

【提出任务】

针织服装设计要素主要包括面料组织结构设计、造型设计、色彩设计及装饰设计四个方面。下面我们将对针织服装各设计要素进行分析，并在此基础上进行设计实践。

【相关知识】

一、针织面料组织结构的相关知识

针织物组织结构设计是针织服装设计的基础。针织物组织按照生产方式可以分为经编组织和纬编组织两个大类，其中纬编针织组织又可分为基本组织和花式组织两个类别。

纬编针织物基本组织包括原组织和变化组织。原组织是针织物组织的基础，是由简单的线圈项目组成；变化组织是由两个或两个以上原组织复合而成。纬编基本组织具体包括纬平针组织、罗纹组织、双反面组织和双罗纹组织。

纬编花式组织是在原组织或变化组织的基础上，利用线圈结构改变或是另外编入一些色纱、辅助纱而形成。纬编花式组织主要包括提花组织、移圈组织、集圈组织、添纱组织、衬垫组织和毛圈组织等。

二、针织服装造型设计

（一）针织服装廓型设计

针织服装廓型是服装被抽象化的整体外部造型。其表示方法有多种：字母表示法，即用英文字母的形态特征来表示服装造型的特点，比较直观好记，最基本的有A型、X型、T型、H型、Y型、O型等；覆盖状态表示法，主要包含直身式、宽松式、紧身式三种；物态表示法是指通过联想把服装外形想象成某个具体的物态形式，比如喇叭型、郁金香型、鹅蛋型等。

（二）针织服装内部造型设计

针织服装的结构线设计主要体现在缝合线和装饰线两个部分。装饰线设计是指针对针织服装造型起到艺术修饰及点缀等美化功能的效果，按照其属性可分为工艺性造型装饰线和艺术性造型装饰线。工艺性装饰线是指在针织服装上具体的镶嵌线、花边线、拉链装饰线、手缝明线等。艺术性造型线是指具有装饰功能的横线、竖线、斜线、曲线、放射线、螺旋线、配色线、图案线、抽象线等。

（三）针织服装局部造型设计

针织服装的局部造型包括领型设计、袖型设计、门襟和下摆设计、口袋设计等。局部造型的设计离不开形式美法则，最终影响整体廓型的设计，所以针织服装局部造型设计必须要遵循形式美法则，变化的同时要符合整体风格的设计。

三、针织服装的配色原则

针织服装的配色可遵循以下几个原则：平衡，指色彩在服装上搭配之后给人视觉上的平稳感觉，一般有均衡和对称两种，前者更加受消费者喜爱。比例，指服装配色时，各色彩之间的面积、形状、空间、位置等的相互关系和比较，好的比例能体现服装的优势，甚至调整穿着者的自身的比例缺陷，达到美的效果，常见的配色比例有黄金比例、等差比例、等比比例等。节奏与韵律，服装中某个色彩反复排列，形成规律或无规律重复，使视觉在连续反复的运动过程中感受一种宛如音乐般美妙的旋律。服装配色呼应，指服装中的某种颜色再次在某个部位出现，是色彩之间的一种相互呼应关系，包括上下装色彩的呼应、内衣外衣色彩的呼应以及服装与配饰品色彩的呼应。渐变，指服装中的色彩色相、

明度、纯度以及色块之间的形状具有逐渐递增或递减的变化规律。透叠，指服装采用透明的面料进行叠置，利用色彩的透光性能，产生新的色彩效果。

四、针织服装装饰设计的方法

编织产生装饰设计是指在针织面料或针织服装的编织过程中利用纱线变化或织物组织结构变化而形成的图案、立体肌理等装饰效果。编织装饰设计的种类包括纱线变化形成装饰、组织结构变化形成装饰及纱线和组织结构同时变化形成装饰。

后加工产生装饰设计是指针织服装成形后，设计师根据其针织特征有针对性地进行装饰加工。后加工的装饰手法有很多，比如刺绣、贴花、抽带和系带、流苏、绳饰、蕾丝、图案、荷叶边、染色、图案印花、动物皮毛等。

【实施任务】

一、组织结构分析与编织实践

（一）纬编组织结构分析

1. 纬平针组织（图 1-2-1 ）

定义：由一根纱线沿着线圈横列顺序形成线圈的单面组织。它是纬编针织物中最简单、最基本的单面组织。

图 1-2-1　纬平针组织正、反面线圈结构图

特性：线圈歪斜性，卷边性，脱散性，纵、横向有较好的延伸性。

2. 罗纹组织（图 1-2-2）

定义：由正面线圈纵行和反面线圈纵行以一定组合相间配置而成的双面纬编针织物。其种类很多，根据正面线圈纵行和反面线圈纵行的不同配比，通常用数字表示（如：N1+N2）。

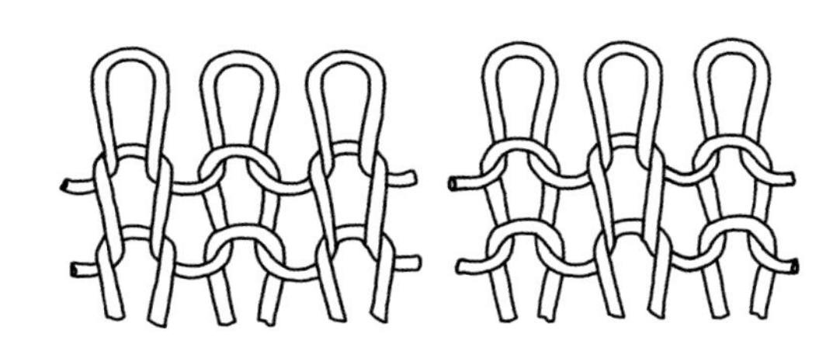

图 1-2-2　罗纹组织正、反面线圈结构图

特性：正、反面线圈不在同一平面上。正、反面线圈产生较大的弯曲和扭转，由于纱线的弹性，纱线力图伸直，使相邻的正反面线圈纵行相互靠近，彼此潜隐半个纵行。

3. 双反面组织（图 1-2-3）

定义：由正面线圈横列和反面线圈横列，以相互交替配置而成。

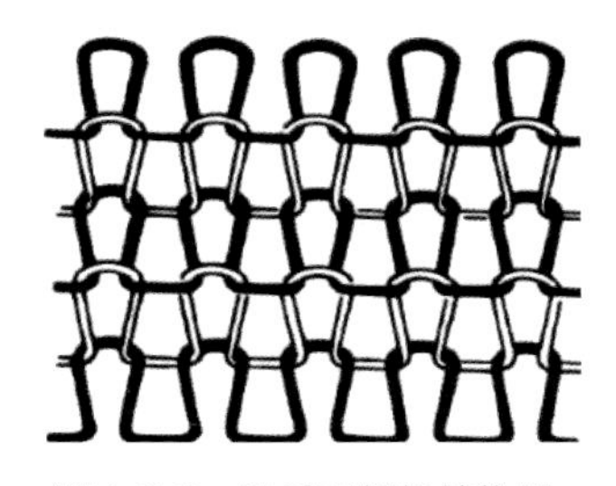

图 1-2-3　双反面组织结构图

特性：纵向收缩（厚实），织物两面均显示反面线圈，纵、横向延伸性相近，通过线圈的不同配置可得到凹凸花纹。

4. 提花组织（图 1-2-4）

定义：将不同颜色的纱线垫放在按花纹要求所选择的对应机针上编织成圈而形成的一种组织，具体分为单面提花和双面提花两种。

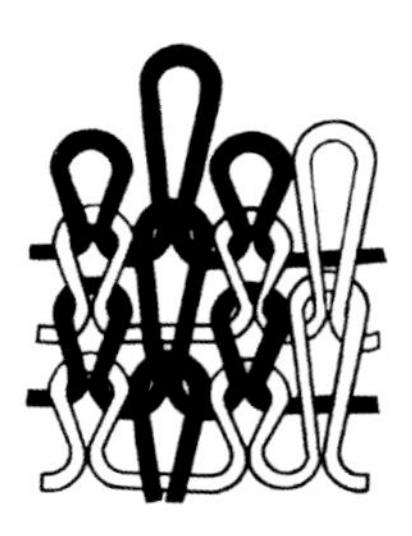

图 1-2-4 单面提花组织线圈结构图

特性：提花组织所形成的花形具有逼真、别致、美观、大方、织物纹路清晰等特点。

5. 移圈组织（图 1-2-5）

定义：在纬编基本组织的基础上，按花纹要求将某些线圈进行移圈而构成的组织。

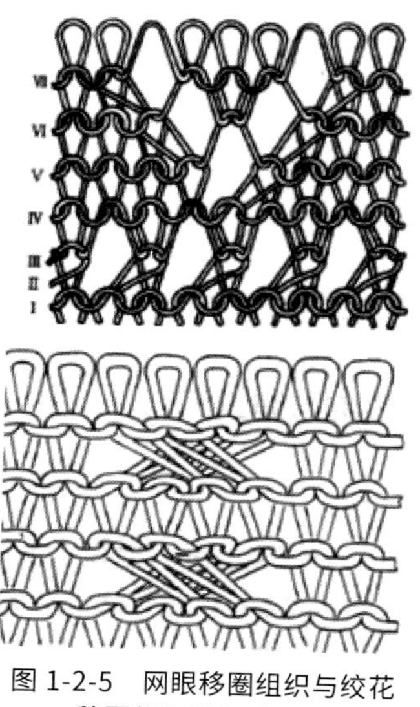

图 1-2-5 网眼移圈组织与绞花移圈组织线圈结构图

特性：移圈织物可形成孔眼、凹凸、纵行扭曲等效应。

6. 集圈组织（图 1-2-6）

定义：在针织物的某些线圈上，除了套有一个封闭的旧线圈外，还有一个或几个未封闭的悬弧，这样的组织被称为集圈组织。

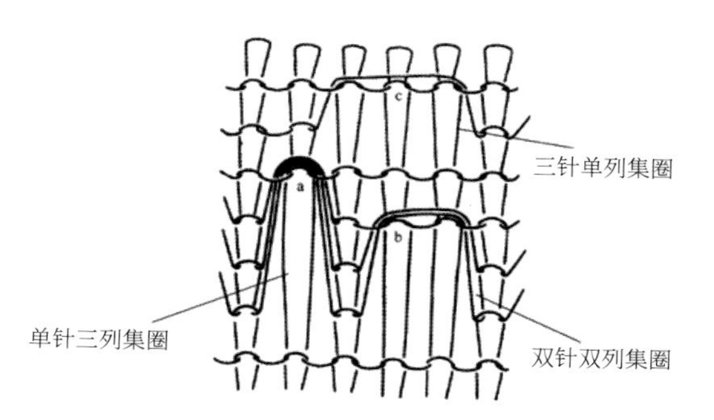

图 1-2-6 集圈组织线圈结构图

特性：脱散性比平纹组织小，耐磨性比平针、罗纹差，而且容易抽丝，厚度较平针与罗纹组织大，横向延伸较平纹、罗纹差，断裂强力比平针、罗纹差（线圈受力不均匀）。

7. 其他组织结构

添纱组织，所有线圈或部分线圈是由两根或两根以上纱线组成的，有纬编和经编、单面和双面、素色和花色之分；衬垫组织，由一根或几根衬垫纱按一定间隔在线圈上形成悬弧，而在织物反面由浮线相连；毛圈组织，由平针线圈和带有拉长沉降弧的毛圈线圈组合而成，是针织物的一种花色组织。

（二）纬编组织编织实践

1. 纬平针组织编织实践（图 1-2-7）

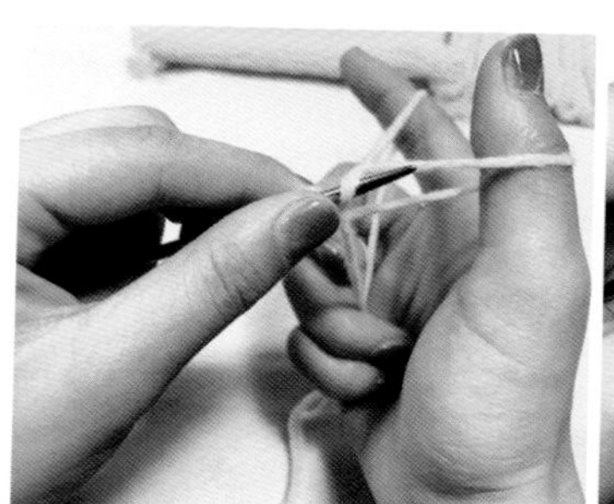

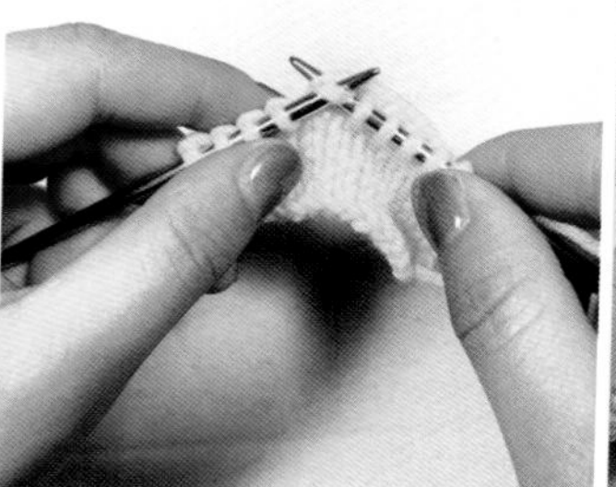

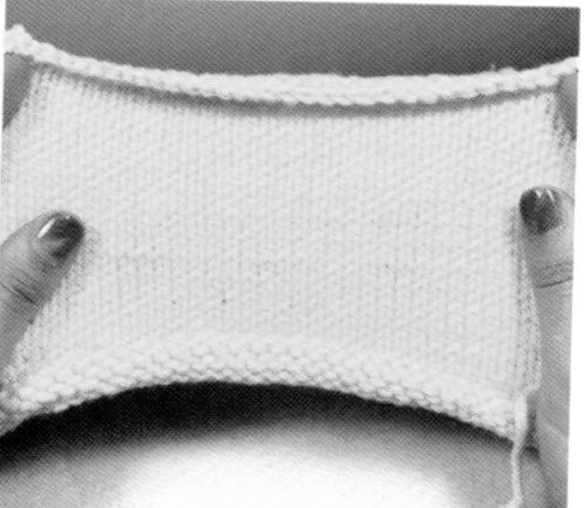

图 1-2-7 纬平针组织（所有行都编织上针）（编织者：甄燕）

2. 双反面组织编织实践（图 1-2-8）

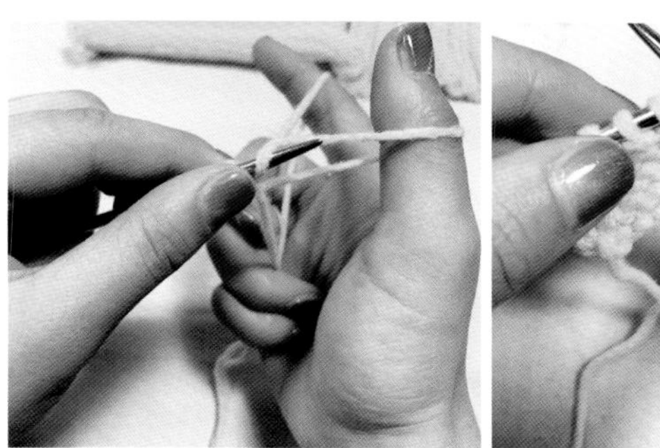
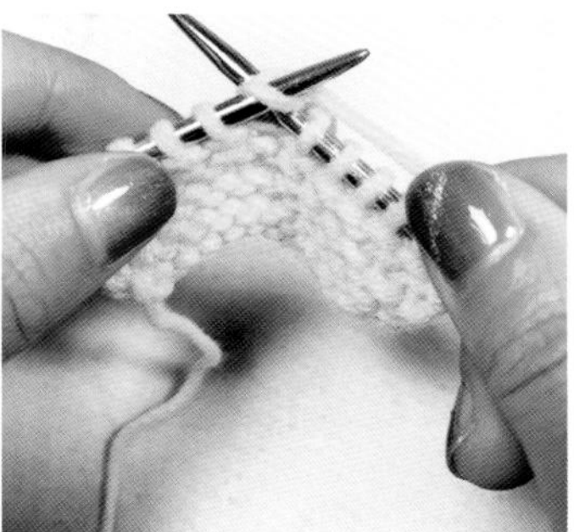
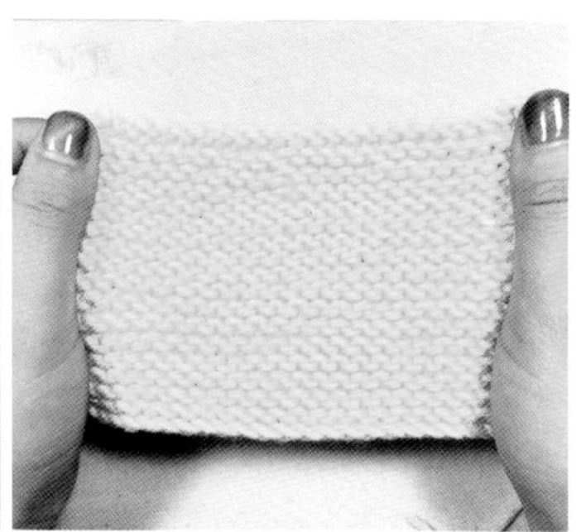

图 1-2-8　双反面组织（所有行都编织下针）（编织者：甄燕）

3. 罗纹组织编织实践（图 1-2-9）

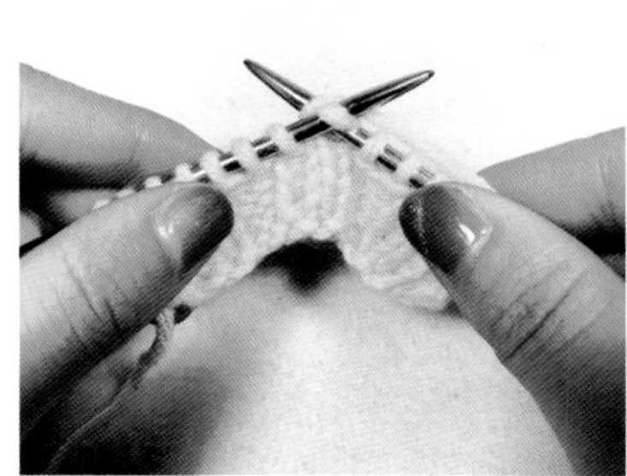

图 1-2-9　罗纹组织（每行均是上针与下针交替编织）（编织者：甄燕）

4. 双面提花组织编织实践

以黄白双面格纹图案为例。（图 1-2-10）

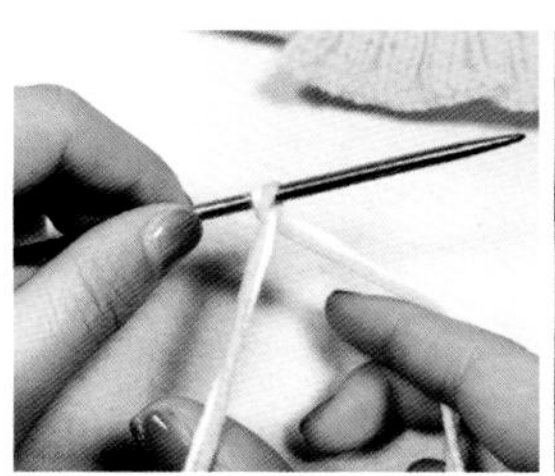
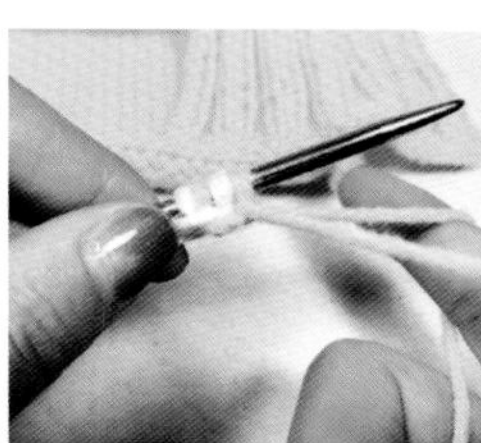
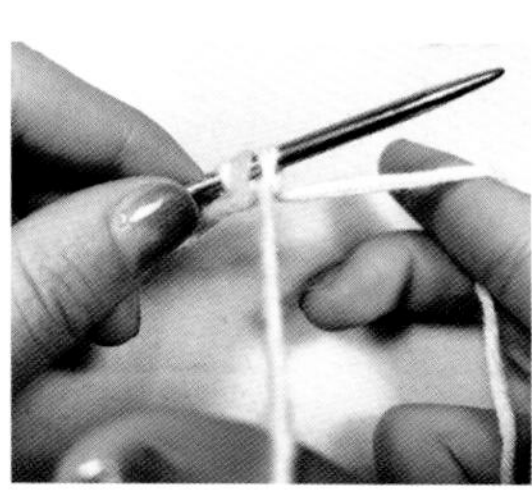
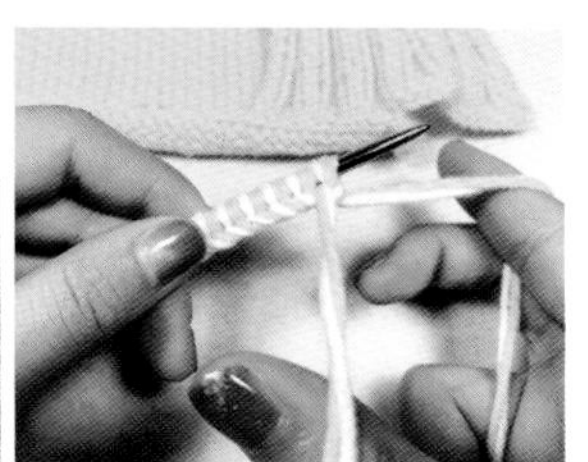

起针（首、末针双线起针，中间单线起针）

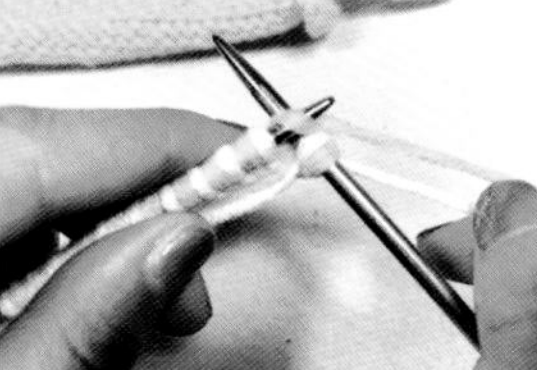
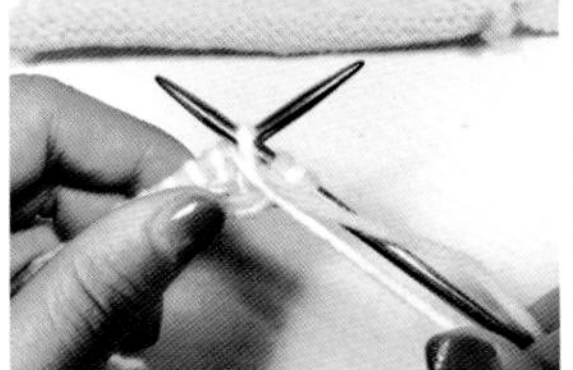
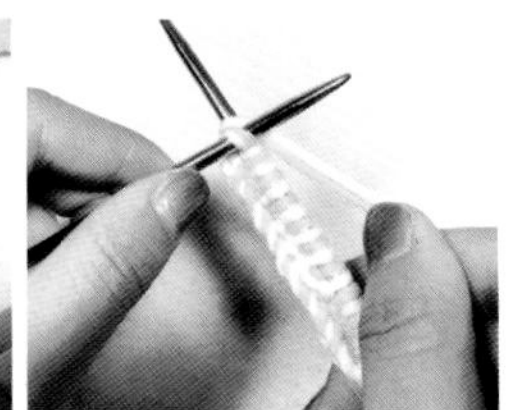

图案编织（首、末针双线编织下针，中间单线编织下针，每隔 6 横列变换一次纱线）

正面　　反面

图 1-2-10　双面提花组织编织实践（编织者：甄燕）

二、造型分析与设计实践

（一）针织服装造型分析

1. 针织服装廓型分析

字母表示法（图 1-2-11）。A 型廓型的造型特点是通过修饰肩部、夸张下摆线形成的外部造型，具有活泼、青春有活力的造型风格；X 型廓型是最具有女性特征的线条，是根据人体的体型特点，塑造稍宽的肩部、收紧的腰部、自然的臀形、向外扩张的下摆，能表现女性的柔美、性感、女人味等性格特征；T 型廓型类似于倒梯形，强调肩部特征，下摆内收形成上宽下窄的造型效果；H 型廓型也称为箱型、矩型或桶型，整体造型呈长方形，通常放宽腰围，从左右肩端处直线下垂至衣摆，给人轻松、舒适、自由的感觉。

物态表示法（图 1-2-12）。郁金香型是指整体造型像含苞待放的郁金香；喇叭型指整体廓型呈现上紧下松的喇叭形状，裙摆比较大，上身和腰线不太强调，与 A 型短裙有些像；鹅蛋型是指圆浑的肩膀向下摆慢慢收窄，形成椭圆形的轮廓，穿着此类服装比较轻松舒适；火炬型是由上下装搭配来体现的，上衣宽而短，搭配窄裙、窄裤。

A 型　　X 型　　H 型

图 1-2-11　字母表示针织服装外轮廓造型（图片来源：蝶讯网）

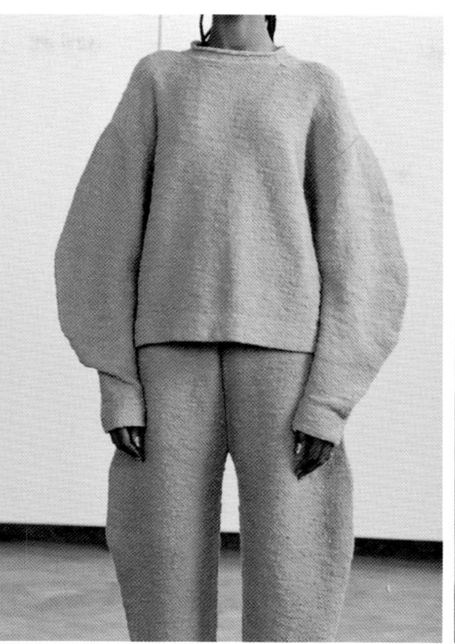

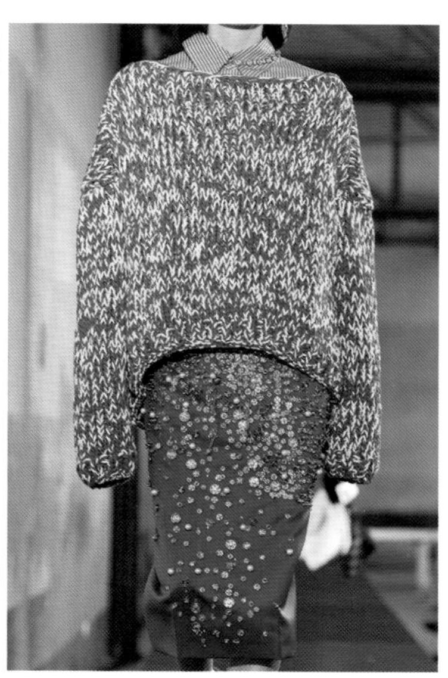

郁金香型　　鹅蛋型　　火炬型

图 1-2-12　物态表示针织服装外轮廓造型（图片来源：蝶讯网）

2. 针织服装内部造型分析

针织服装具有优良的弹性，这使其一般不需要分割、收省、抽褶等工艺处理即可实现合身效果。这里的针织服装内部造型设计主要是指点、线、面元素在针织服装设计中的运用。（图1-2-13）

3. 针织服装局部造型分析

领型：按照高度分为高、中、低领，按形状分为方、圆、不规则领，按照穿着方式分为开门、关门、开关领，按结构则分为挖领、装领。（图 1-2-14）

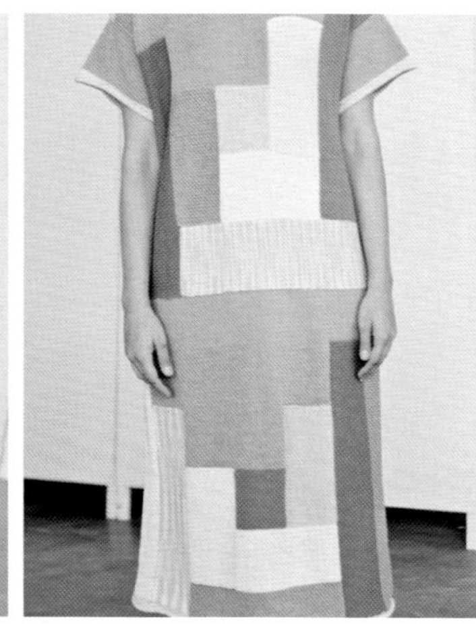

图 1-2-13　点、线、面在针织服装内部造型设计中的应用（图片来源：蝶讯网）

开门领

关门领

开关领

图 1-2-14 针织服装不同领型设计（图片来源：蝶讯网）

肩袖型：按照上袖工艺分为装袖、连袖、插肩袖、无袖四种，按照袖子的形状可分为灯笼袖、喇叭袖、普通袖、泡泡袖、中式袖、无袖式、连袖式等。（图 1-2-15）

袋型：按照服装制作工艺归纳为插袋、挖袋、贴袋三类。（图 1-2-16）针织服装口袋的设计要服从整体造型和整体风格。

（二）针织服装造型设计实践

以郁金香型为例，进行针织服装外轮廓造型设计实践。（图 1-2-17）

以建筑为设计灵感来源，进行针织服装整体造型设计实践。（图 1-2-18）

灯笼袖

喇叭袖

普通袖

图 1-2-15 针织服装不同袖型设计（图片来源：蝶讯网）

图 1-2-16 针织服装不同口袋造型设计（图片来源：蝶讯网）

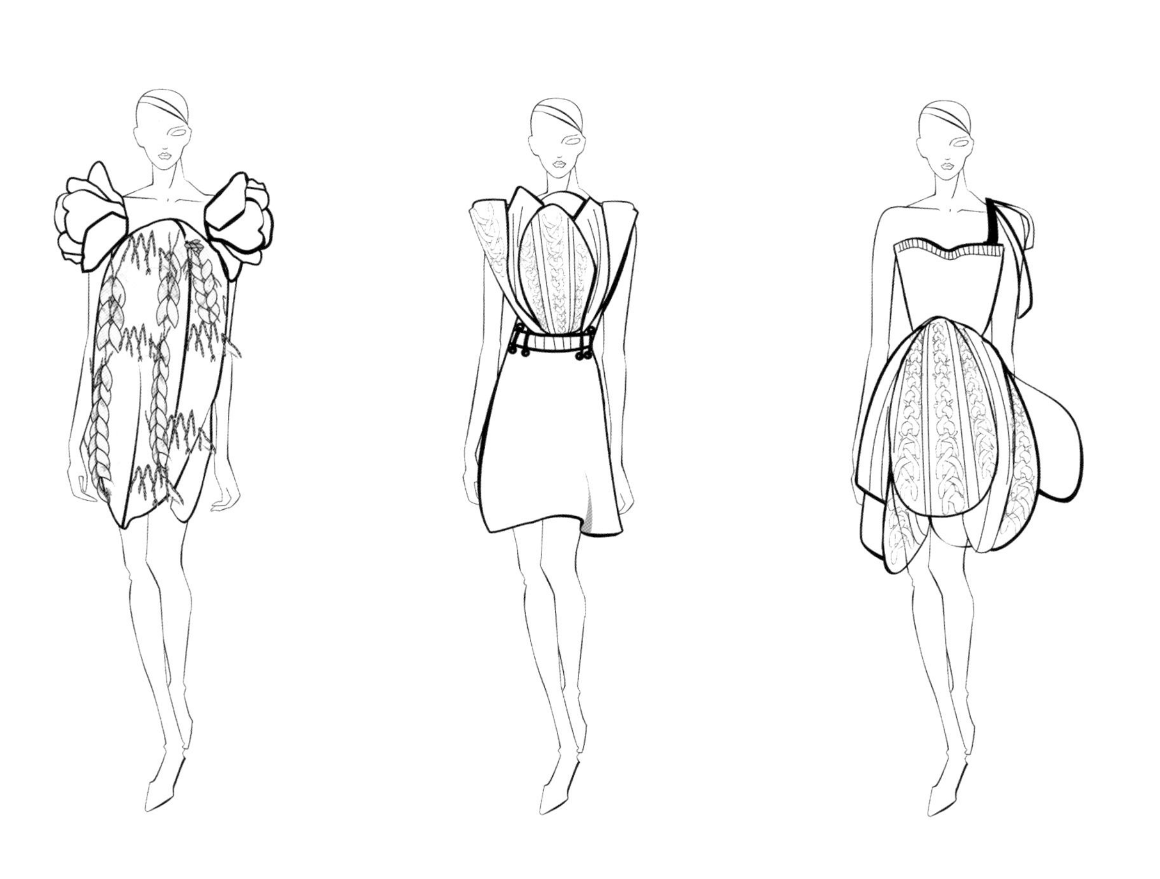

图 1-2-17 郁金香型针织服装设计（设计者：王文静）

设计主题：

以悉尼歌剧院的建筑形象为灵感，运用层叠、重复、渐变等细节手法，来表现建筑物所具有的视觉效果，突出它的主要特征。

图 1-2-18　针织服装造型设计作品展示（设计者：唐炜）

三、色彩分析与设计实践

（一）色彩分析

1. 配色原则

针织服装配色原则主要有平衡、比例、节奏与韵律、呼应、渐变、透叠。以透叠配色为例，将网眼针织服装与其他服装重叠穿着，产生若隐若现的视觉效果。（图 1-2-19）

2. 配色分析

色相配色：色相是色彩本来的样貌。在色相环中，我们通常将色彩分为同类色、邻近色、对比色、互补色几类（图 1-2-20）。明度配色：从通俗的角度来分析，就是色彩的明暗关系即素描关系，有高调、中调（图 1-2-21）、低调调性之分。纯度配色：纯度即色彩的鲜艳程度，色彩调和次数越多，纯度就会越低。色彩纯度有高纯度、中纯度、低纯度之分。

图 1-2-19　针织服装透叠配色（图片来源：蝶讯网）

图 1-2-20　针织服装不同的色相配色（图片来源：蝶讯网）

图 1-2-21　针织服装黑、白、灰中调配色（图片来源：蝶讯网）

（二）色彩设计实践

以渐变原则为例，进行针织服装配色设计实践。（图 1-2-22）

图 1-2-22　针织服装渐变色配色设计（设计者：丁心怡）

以水果为灵感来源，进行针织服装配色设计实践。（图 1-2-23）

四、装饰分析与设计实践

（一）装饰分析

1. 编织产生装饰效果分析

编织产生彩条设计：通过纱线的变化形成的装饰设计手法。如用花式纱线编织或异色纱线组合编织形成图案装饰效果。（图 1-2-24）

编织产生立体肌理：不同结构的纱线通过组合编织形成立体肌理装饰效果；不同粗细或材质的纱线通过组合编织形成斑驳图案肌理的装饰效果等；同种纱线，通过变化组织结构而形成立体肌理装饰效果。（图 1-2-25）

图 1-2-23　针织服装色彩设计作品展示（设计者：王文静）

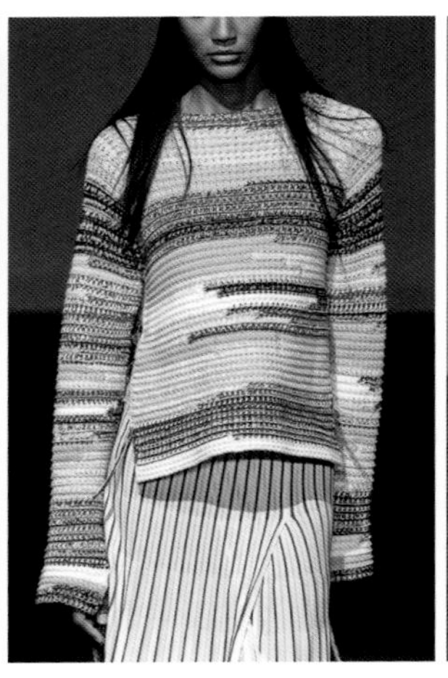

图 1-2-24　不同颜色纱线编织形成彩条、格纹等图案装饰效果（米索尼品牌设计）

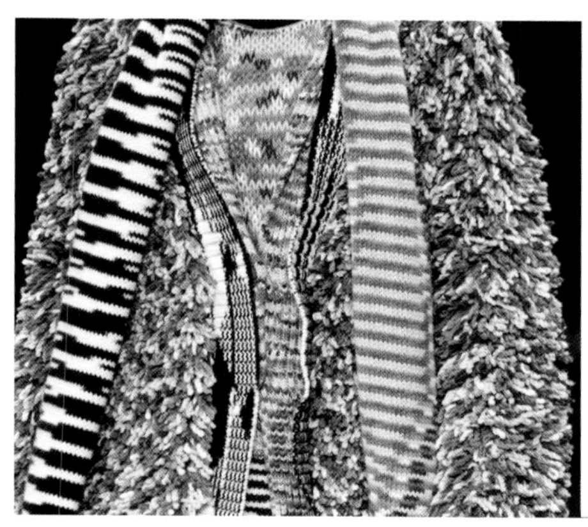

图 1-2-25 编织产生立体肌理装饰效果（图片来源：蝶讯网）

彩条和肌理效果综合设计：在针织面料编织过程中，同时变换纱线和组织结构形成彩条和立体肌理的双重装饰效果。（图 1-2-26）

2. 后加工装饰效果分析

刺绣装饰：刺绣技法有轮廓绣、回针绣、雏菊绣、打子绣、链绣、锁边绣、羽毛绣等。下面是线绣装饰、绳绣装饰、珠绣布绣装饰的针织服装。（图 1-2-27）

拼接装饰：拼接是指将不同材料或不同色彩的同一材料通过一定工艺手段连接、拼凑起来的装饰形式。

印花装饰：与提花针织服装相比，印花针织服装具有花型变化多、操作灵活、花型效果生动等优点。（图 1-2-28）

图 1-2-26 编织产生彩条和立体肌理综合装饰效果（图片来源：蝶讯网）

图 1-2-27 刺绣产生装饰效果（图片来源：蝶讯网）

图 1-2-28 印花产生装饰效果（图片来源：蝶讯网）

手绘装饰：手绘图案是具有丰富表现力的一种独特工艺，有多种风格和表现手法，如中国画中的泼墨、写意、工笔及油画的技巧等。

染色装饰：针织成衣染色形式丰富，有纯色染、渐变染、扎染等，适合多品种、少批量的生产方式。染色也分化学染色和植物染色，出于环保的考虑，一般建议使用植物染色，色彩比较雅致，对人体无伤害。（图 1-2-29）

添加流苏和荷叶边装饰：在针织服装上添加流苏或荷叶边，可以增加服装的细节趣味和灵动性，使服装显得更加俏皮、活泼、可爱。（图 1-2-30）

添加扣紧材料装饰：服装扣紧材料包括纽扣、拉链、挂钩、环、尼龙搭扣等，在服装中起着连接、开合、装饰等作用。（图 1-2-31）

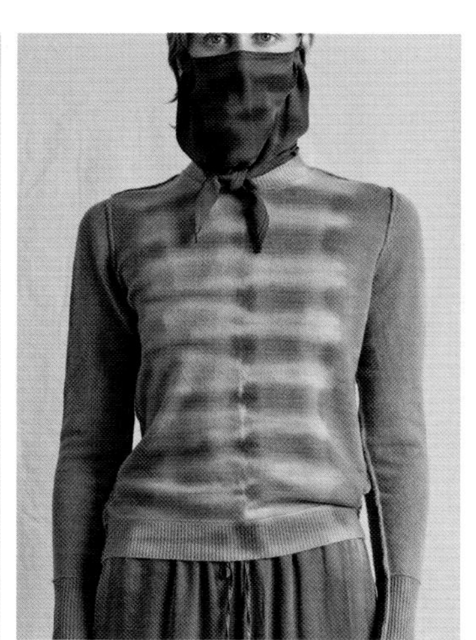

图 1-2-29　染色产生装饰效果（图片来源：蝶讯网、淘宝网）

图 1-2-30　添加流苏和荷叶边产生装饰效果（图片来源：蝶讯网）

图 1-2-31　添加扣紧材料产生装饰效果（图片来源：蝶讯网）

（二）装饰设计实践

以荷叶为设计灵感，进行针织服装装饰设计实践。（图 1-2-32）

以拼接工艺为设计灵感，进行针织服装装饰设计实践。（图 1-2-33）

图 1-2-32　针织服装装饰设计作品展示（设计者：唐炜）

图 1-2-33　针织服装装饰设计作品展示（设计者：王文静）

【课后练习】

一、作业内容

以某个建筑为主题，从组织结构、造型、色彩及装饰等几个方面进行针织服装设计练习。

二、作业要求

分组练习，同组成员的设计作品要相互关联，且具有一定的创新性。

【项目小结】

本项目主要让学生对针织服装设计方面的知识有个初步的认知，并运用所学知识进行针织服装设计训练，做到学以致用。项目初期同学们了解了针织服装的概念、分类、特点及设计发展趋势等相关知识，并运用所学知识对针织服装与梭织服装的结构、性能特点及生产流程进行了分析比较；在项目中期，同学们认识了针织服装设计的各个要素，并运用所学的知识和技能进行了相应的设计训练，形成项目成果。

项目二　针织时装设计

【项目介绍】

本项目的主要任务为：按上装、裙装、裤装三大类别收集不同款式的针织时装，并从设计风格、面料、色彩、造型、工艺、装饰等多个方面对其进行设计分析，最后尝试从部分针织时装的设计思路、设计理念以及表现手法等方面获取启发，进而形成变化设计，并以款式图的形式记录下来。

【知识目标】

- 掌握资料收集、分析、整理的方法
- 掌握针织时装设计分析和变化设计的方法

【能力目标】

- 具备资料收集、分析、整理的能力
- 具有设计的审美能力和创新能力
- 能熟练操作 Photoshop、Coreldraw、Office 等软件
- 能对不同款式的针织时装进行设计分析
- 能从部分品牌针织时装中获得启发，实现创新设计

任务一　资料收集

【提出任务】

信息的收集、整理是服装设计学习过程中十分必要和基础的工作。在接下来的任务中，要求大家认真完成不同品牌、不同款式针织上装、裙装、裤装的收集和整理工作。

【相关知识】

资料获取的渠道：服装咨询网站、街头拍摄、品牌服装官方网站、时尚杂志、服装展会、时装秀场发布、专业媒体报道、服装专业论坛等。

【实施任务】

一、拟定计划，收集资料

根据任务要求，拟定资料收集计划清单，如表 2-1-1 所示。

表 2-1-1　资料收集计划清单

针织时装类别	具体款式	收集数量
上装	背心式针织上装	20 款
	T 恤式针织上装	20 款
	外套式针织上装	20 款
裙装	针织半裙	15 款
	针织连身裙	15 款
裤装	针织半裤	15 款
	针织连身裤	15 款

二、整理资料，制成表单

将收集的资料进行分类、筛选、整理，并制成表格，如表 2-1-2 所示。

表 2-1-2 资料收集整理表

时装类别	款式		数量	图片来源
针织上装	背心式	截短式背心	6	穿针引线 蝶讯网
		中庸式背心	5	蝶讯网
		中长式背心	4	VOGUE 时尚网 蝶讯网
	T 恤式	裁剪类 T 恤	6	VOGUE 时尚网 蝶讯网 搜狐网
		成形类 T 恤	5	YOKA 时尚网 搜狐网 VOGUE 时尚网 中国经济网
	外套式	休闲式外套	6	YOKA 时尚网 搜狐网 VOGUE 时尚网
		商务式外套	5	YOKA 时尚网 VOGUE 时尚网
针织裙装	针织半裙		4	VOGUE 时尚网 蝶讯网 中国经济网 搜狐网
	针织连身裙		7	VOGUE 时尚网 YOKA 时尚网
针织裤装	针织半裤		6	搜狐网 VOGUE 时尚网 YOKA 时尚网 蝶讯网
	针织连身裤		5	VOGUE 时尚网 YOKA 时尚网 蝶讯网

任务二　针织时装设计分析与变化设计

【提出任务】

服装设计者要想在这个竞争激烈且发展快速的时装行业中较快成长，就得学会从大量的时装设计解析中获取知识与资讯。本次任务，我们就是要对多款针织时装从款式、色彩、面料、装饰等多个方面进行设计分析，并试图在解析过程中获得启发，通过借鉴和创新形成变化设计。

【相关知识】

一、针织上装款式类别及相关知识

背心式针织上装，无袖，可以作为单穿的服装，也可以与其他服装进行层搭，属于非常方便、实用的四季服装单品。背心式针织上装的款式十分丰富，按服装长短可分为截短式、中庸式和中长式三种。

T恤式针织上装，指由针织材料生产而成的短袖或长袖T型衫。具体分为裁剪类针织T恤和成形类针织T恤两大类别。

外套式针织上装，指由针织材料生产而成的穿在外层的上装。主要包括生活休闲针织外套和商务休闲针织外套两大类别。

二、针织裙装款式类别及相关知识

半身式针织裙装，也称针织半身裙，指由针织坯布经过铺布、裁剪、缝合等工序加工而成或采用纱线直接编织成形、缝合而成的下身穿裙装。针织半身裙的款式丰富多样，穿搭方便，是适合一年四季穿着的实用单品。

连体式针织裙装，也称针织连衣裙，指由针织坯布加工而成或采用纱线直接编织成形的上下身连在一起的裙装。针织连衣裙的款式百变多样，可选择性强。另外，它是上下装一体，少了搭配的烦恼，节约穿衣时间，深受广大女性的青睐，是一年四季衣橱必备单品。

三、针织裤装款式类别及相关知识

半身式针织裤装，指由针织坯布经过铺布、裁剪、缝合等工序加工而成或采用纱线直接编织成形、缝合而成的下身穿裤装。此类裤装弹性较好，运动适应性强，穿起来比较舒适自在，款式也日益丰富，越来越受不同年龄消费者的青睐。

连体式针织裤装，指由针织坯布经过铺布、裁剪、缝合等工序加工而成或采用纱线直接编织成形、缝合而成的上下身连在一起的裤装。连体式针织裤装，时尚与个性兼具，穿起来更为舒适、自在。

【实施任务】

从服装的款式特点和穿着方式出发，将收集来的针织时装分成针织上装、针织裙装和针织裤装三大类别，并从设计风格、款式、面料、色彩、装饰等多个方面对其进行设计分析。

一、针织时装设计分析

（一）针织上装设计分析

1. 背心式

截短式针织背心：指长度及腰或略高于腰部的短款背心，如图2-2-1所示的四款截短式针织背心。款式一是BCBG Max Azria于2017年早春发布的一款既可单穿又可层搭的时尚背心，单肩交叉式细节设计增添了服装的运动感，波浪形提

花条纹使服装在随性中多了一份精致典雅。款式二是 Blugirl 在 2017 年春夏发布的一款背心，像波浪一样高低起伏的荷叶边造型让一件单薄的上衣立刻变得立体起来，荷叶边上的白色条纹更是让服装产生膨胀的视觉效果，为服装增添了艺术魅力与吸睛度。款式三是一款长度及腰的 V 领背心，合体的版型搭配飘逸长裙，带来精致而独特的梯形造型；粗针 1+1 罗纹下摆搭配经典的粗针平纹凸显休闲质朴的气质；硬朗的皮革肩带与柔软的针织物形成质感对比，为服装增添富有变化的设计感。款式四是一款长度在腰部以上的文胸式背心，采用富有弹性的 2+2 罗纹作为“土台”（也称“下扒”，是指女性文胸罩杯下延伸出的部分，可使罩杯在穿着时变得更加稳定），舒适度不言而喻。罩杯上几何形双面提花纹理为服装营造了现代摩登气质，是音乐节造型和度假造型的理想之选。

中庸式针织背心：指长度不长也不短，正好合适的针织背心，如图 2-2-2 所示的四款中庸式

款式一

款式二

款式三

款式四

图 2-2-1　截短式针织背心

款式一

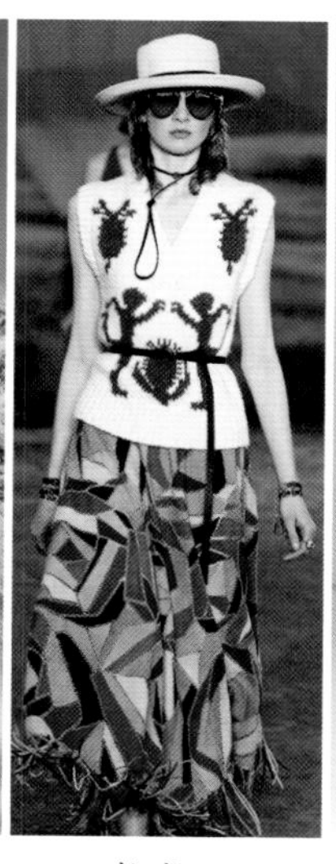
款式二

款式三

款式四

图 2-2-2　中庸式针织背心

针织背心。款式一是一款经典而又富有变化的细针圆领背心，采用简约直筒版型设计，右下摆的不对称设计和绑带元素形成细节点缀，打破常规，让简约基础的针织服装变得更具设计感和时尚感。款式二是 Christian Dior 于 2018 年早春发布的一款经典的粗针 V 领背心，拉斯科洞窟中栩栩如生的壁画跃然成为背心上的提花图案，柔软的针织面料搭配色彩斑斓的流苏长裙和帅气的牛仔帽，完美地展现了 Dior 女孩的柔美与野性。款式三是 Salvatore Ferragamo 的春夏款背心，不同形态的罗纹线条使服装呈现出非常立体的肌理效果，无边小 V 领搭配宽袖边和宽摆边，为服装营造出中性优雅的气质。款式四是 Roland Mouret 2017 年春夏款针织时装，不对称的单肩领口是服装的吸睛设计，白色的包边为服装增添了一份动感，腰部两侧极具雕塑感的装饰设计，凸显了女性的“S”形曲线。

中长式针织背心：指长度在臀部以下膝盖以上的针织背心，如图 2-2-3 所示的中长式针织背心。款式一是 Missoni 2018 秋冬款针织长背心，宽松的版型搭配大深 V 领，休闲而不失性感，充满艺术感染力的色彩和流动感强的条纹，更是让秋冬生活充满生机与活力。款式二是 Missoni 于 2017 年春夏发布的一款方领坦克针织背心，单一的色彩和细长的罗纹线条，体现了运动休闲和极简主义的设计风格。款式三是 Pringle of Scotland 的春夏款时装背心，采用细针平纹针织面料制作而成，解构式、门襟状的摆边是服装富有设计感的细节所在，相对宽松的版型，配上贴合颈部的圆形罗纹领和富有变化的斜形下摆，使整件服装显得简洁而富有动感。款式四是 BCBG Max Azria 2017 年早春款背心，简洁的圆领、透气的网眼和流畅的条纹让服装显得动感十足，运动风针织背心与圆领衫碰撞在一起，使服装整体变得随性而生动。

款式一

款式二

款式三

款式四

图 2-2-3　中长式针织背心

2.T 恤式

裁剪类针织 T 恤：指采用针织坯布经过铺布、裁剪、缝纫等工序加工而成的 T 恤式针织服装，如图 2-2-4 所示的四款裁剪类针织 T 恤。款式一是 Dolce & Gabbana 秋季的一款带有复古风味的 Ringer Tee（即在领口和袖口处设有一圈指环状的撞色），加饰胸前的撞色字母图案，让整件服装充满青春活力与运动气息。款式二是 DKNY 2017 春夏款时装，大气单色调的运用让服装外貌在视觉上更具冲击感，袋口领和飘带元素的运用让服装变得灵气十足、时髦有趣，刻意加长的廓型衣袖和夸张的落肩元素相结合，强调轻松自在的感觉。款式三是 Sonia Rykiel 于 2017 年春夏发布的一款彩色细条纹圆领长袖针织衫，在肩膀和领口处对称挖出椭圆形的洞，并用亮色褶边加以装饰，形成强烈的视觉焦点，让服装整体显得既得体又充满青春魅力。款式四是 Vetements 2017 春夏款卫衣，不对称的露肩设计让原本休闲的卫衣变得性感起来，帽子右侧的拼贴设计和上面手写字样的图案，又为服装增添了特色和个性。

成形类针织 T 恤：指由纱线直接编织形成的衣片，经过缝合、水洗、熨烫等工序加工而成的 T 恤式针织服装，如图 2-2-5 所示的四款成形类针织 T 恤。款式一是 Acne Studios 2017 年秋冬款毛衫，简单的廓型、平淡的肌理、歪斜的下摆线，让服装显得随性、质朴，补丁式图案和随风飘逸的毛线头，更是凸显出女性注重手工编织、缝制感，不追求完美的率真气质。款式二是 Marc Jacobs

款式一

款式二

款式三

款式四

图 2-2-4 裁剪类针织 T 恤

款式一

款式二

款式三

款式四

图 2-2-5 成形类针织 T 恤

于 2017 年秋冬发布的一款中庸式提花长袖毛衫，与嘻哈长项链、复古包袋、宽松长裤搭配在一起，透露着浓浓的 20 世纪 80 年代怀旧气息。白色马球衫（源自 20 世纪 20 年代法国设计师 René Lacoste 设计的网球衫，后来慢慢成为马球运动员的标配服装，网球衫也因此改名为马球衫。经典款式：罗纹领和罗纹袖口，带有三粒纽扣的穿脱口，后长、前短，下摆侧边有一小截开口）领营造视觉焦点，让原本随意的街头风多了一份优雅与精致。款式三是 Christian Dior 2018 年早春款时尚套衫，衣身采用花式组织结构，为服装提供立体的肌理效果。多彩印花携手精致刺绣，在白色毛衣上巧妙结合，将拉斯科洞窟壁画中形态各异的动植物造型勾勒得栩栩如生，更让服装的柔美与生动展现得淋漓尽致。款式四是 Loewe 2017 年秋冬款时尚毛衫，富有弹性的罗纹半高领，不仅保暖，还可以拉长颈部。由自然图案与几何色块组合而成的费尔岛式提花图案，让北欧元素再次焕发生机。粗针成形针织与细针裁剪针织的拼接设计，既凸显出女性的纤细腰身，又为服装增添了时尚感和趣味感。

3. 外套式

生活休闲针织外套：指人们在无拘无束、自由自在的休闲生活中穿着的针织外套。这类服装强调舒适性、随意性和易穿性等特点，如图 2-2-6 所示的四款生活休闲针织外套。款式一是 Sonia Rykiel 2017 年春夏款休闲外套，宽松的廓型、下落的肩缝，强调舒适自在的感觉。多组彩条无规律地组合在一起，随意而充满活力。大小不一、形态各异的手工线迹，使服装呈现自然质朴的气质。两个气眼、一根长带的扣合方式，既简单易穿又增添了服装的趣味性。款式二是 CHANEL 2018 年早春款短袖外套，古希腊式的柱状廓型搭配经典的大地纯色，创新诠释古典文艺之美，同色细腰带低调打造优美比例，小面积的镂空与大面积的平纹形成肌理对比，增添服装的变化性，前片的双贴袋和袖口、下摆的睫毛流苏透着灵动俏皮的气息。款式三是 Versace 2018 秋冬款长袖针织外套，夸大的廓型、浓艳豪放的摇滚格纹，搭配裁剪利落的黑色短裙和极具先锋艺术感的配饰，透着“雅俗共赏”的气息，强调无畏和自由自在的感觉，打造出强势又性感多变的都市女性形象。款式四是 Missoni 2018 年秋冬款针织长外套，柔软的针织面料、宽松的版型、下落的肩线、随手一系的腰带，凸显慵懒随意的气息。内搭同色系的睡衣风套装，让服装整体显得既舒适又时尚。

商务休闲针织外套：指具有职业和休闲双重功能的针织外套，即在工作、出差旅行、小型聚会等不同场合穿着时，都能得体而又不失舒适与随性地进行自我表达，如图 2-2-7 所示的四款商务休闲针织外套。款式一是 Sonia Rykiel 2017 年秋冬款时尚外套，硬朗的廓型、稳重的色彩，与醒目的金属扣、3D 效果的菱纹肌理组合在一起，凸显理智、干练的职业气质。燕尾式扇形下摆的设计，让服装变得优雅而富有趣味。款式二是 Sonia Rykiel 2016 年秋冬款针织长外套，一件开口式长款外套，黑色条纹是品牌的重要设计元素之一。柔软细密的针织面料、硬朗的肩部、合体的腰身、吸睛的双排扣，这些设计赋予了整件服装时尚精干的感觉。款式三是 Thom Browne 于 2017 年秋冬发布的一款以羊毛为主材料、以黑白灰为主色调的截短式开衫，柔软的质感、简约的色彩、修身的版型、经典的格纹图案、窄边深 V 领型、较宽的罗纹袖口和下摆，搭配同款领带，让服装呈现典雅、稳重的职业气息。左袖上的白

款式一

款式二

款式三

款式四

图 2-2-6　生活休闲针织外套

图 2-2-7 商务休闲针织外套

色宽条纹是品牌代表性的装饰元素，形成服装的焦点。门襟处的红白“界线”是服装的细节设计所在，是办公室里时尚和品位的展现。款式四是 Missoni 2017 年秋冬款针织长外套，西装领、双排扣、修身的版型，透着职场女性的气息。鲜艳的色块错落有致地组合在一起，形成不规则的格纹，打破了职场精英的严谨形象，让办公室多了一份生机与活力。

（二）针织裙装设计分析

1. 半身式

如图 2-2-8 所示的四款半身式针织裙装：款式一是 Sonia Rykiel 2018 年春夏款针织半身裙，裙身面料采用孔眼组织，透气又不失小性感；臀部的斜度分割线将半身裙分成育克和伞裙两个部分，既凸显身材又富有设计感。将贝壳和珍珠串成的流苏点缀于裙摆，则让裙装变得时尚、俏皮起来。款式二是 Elisabetta Franchi 于 2017 年秋冬发布的一款极具女人味的合体铅笔裙，裙长至小腿中部，裙身采用平纹针织面料，亮片装饰遍布表层，华丽感十足。前中开衩至大腿中部，既方便行走又让半身裙变得性感。款式三是 Kenzo La Collection Memento N° 3 系列的一款针织半身裙，裙身采用经典的横向宽条纹设计，竖条纹褶皱下摆为半身裙创造变化，而前片装饰的荷叶边造型则为半身裙增添设计感，形成吸睛点。款式四是 Christian Dior 2018 年早春款半身裙。合体的裹身设计，搭配腰部的细长腰带，突出女性的曲线之美；下摆整齐的睫毛流苏设计，既灵动又俏皮；拉斯科洞窟内壁的图腾式神话人像通过针织提花工艺跃然裙上，透露出浓浓的艺术气息，让半身裙变得既时尚又典雅。

2. 连体式

如图 2-2-9 所示的四款连体式针织裙装：款式一是 Versace 2017 年秋冬款针织连衣裙，采用经典的黑色作为基色、醒目的白色作为装饰色。在设计剪裁上则通过利落干练的运动感廓型

款式一　款式二　款式三　款式四

图 2-2-8　针织半身裙

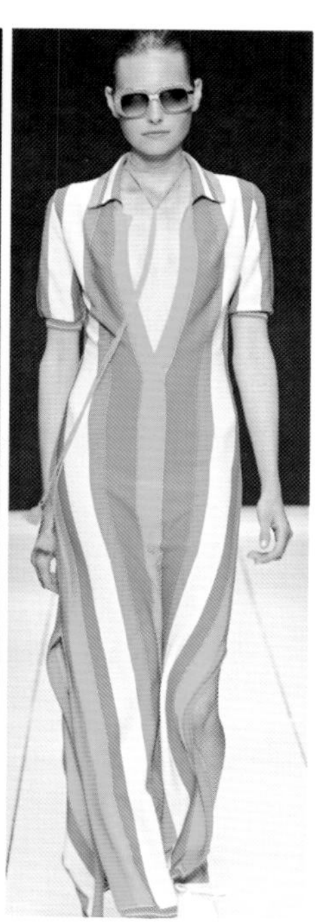
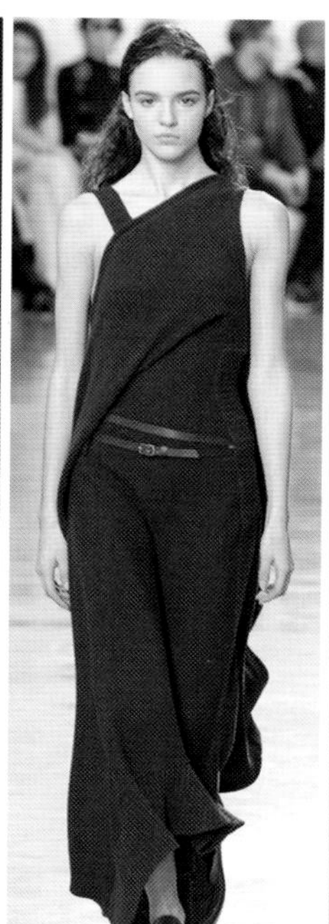

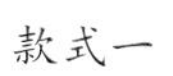

款式一　款式二　款式三　款式四

图 2-2-9　针织连衣裙

来突出女性帅气自主的形象，同时运用丰富多彩的线条元素，勾勒出动感又不失妩媚的时尚韵味。搭配围巾上以大写字母写着“LOYALTY”（忠诚）的字样，传递着一种讯息，即女性对自己和世界想说的话。款式二是 Laura Biagiotti 2017 年春夏款连体式针织裙装，采用轻盈的平纹针织面料，罗纹领子、罗纹边饰的短衣袖，以及颈下的半开襟，都是取自马球衫造型，但与传统的马球衫相比，又有了新的诠释，如让服装加长，变成长至脚踝的合体连衣裙，鲜艳的竖条纹、两侧高过膝盖的开衩，搭配颈部的飘带，让裙装变得十分灵动飘逸、时尚而富有活力。再如去掉传统的三粒扣，让领子自由向外打开，形成深 V 领，露出女性迷人的肌肤，让女性变得性感魅惑但又不失优雅，为女性在自律和自由之间寻找到完美的平衡。款式三是 Paco Rabanne 2017 秋冬款针织连衣裙，低调的色彩、简单的组织肌理、干净利落垂坠的质感，与不对称的露肩设计结合在一起，让裙装变得格外性感、时尚，而腰部的皮带装饰则为裙装创造了变化。款式四是 Stella McCartney 于 2017 年早秋发布的一款修身连体式针织长裙，采用针织提花工艺织成的多样菱格纹，透着复古的气息，让裙装变得更具沉淀感。衣身上超大的黑色菱格纹与衣袖上较小的黑色菱格纹形成对比，为裙装创造变化。深 V 领口与内搭的黑色高领形成一个浑然天成的“菱格纹”，再配上简洁的项圈式坠饰，使服装整体呈现大气、干练之美。

（三）针织裤装设计分析

1. 半身式

如图 2-2-10 所示的四款半身式针织裤装：款式一是 Stella McCartney 于 2018 年早春发布的一款细针成形针织长裤，单纯的色彩、简单的组

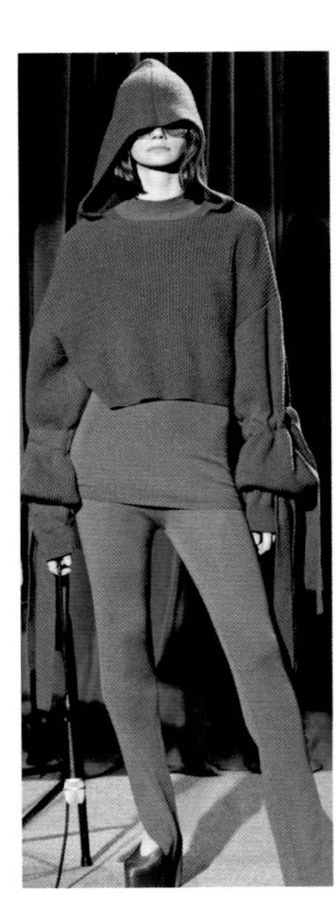
款式一

款式二

款式三

款式四

图 2-2-10 半身式针织裤装

织结构、修身的版型，使裤装呈现简约休闲的风格。脚口的开衩设计与脚上搭配的木屐厚底鞋，则让裤装变得时尚起来。款式二是 J. JS Lee 2017 年秋冬款半身式针织裤装，面料采用罗纹组织，厚实保暖、弹性好。宽松的版型、七分长度，强调自由、舒适的穿着状态。在左右侧缝骨处各缝入一块三角形衣片，不仅挤歪了原来的线圈纵行，丰富了肌理效果，还让原来的直筒裤摇身变成了飘逸的喇叭裤，为裤装增添设计感的同时也让裤装多了些许玩趣。款式三是 Paco Rabanne 于 2017 年秋冬发布的一款结构丰富的针织低腰铅笔裤，腰部的育克设计，让裤装变得更加合体。右裤腿上的弧形挖袋设计，为服装增添了设计感和趣味性。左侧的插袋与裤中凸起的"烫迹线"设计，营造了女西裤的造型效果，让服装呈现适合办公室穿着的现代都市风格。款式四是 Stella McCartney 于 2017 年早秋发布的一款宽松的针织长裤，保暖、舒适兼具。裤装两侧采用针织提花工艺织成的经典菱格纹图案，成为吸睛的焦点，透着复古的气息，让裤装变得更具沉淀感。喇叭状裤形与高跟鞋、毛呢大衣搭配在一起，既个性又时尚，是工作、休闲等不同生活场合的理想选择单品。

2. 连体式

如图 2-2-11 所示的四款连体式针织裤装：款式一是 Missoni 于 2017 年春夏发布的一款柔顺的连体式针织长裤，从肩膀直接下垂，线条流畅，舒适自在。设计采用不同颜色纱线交替编织打造丰富的色块效果，让服装变得醒目又富有设计感。不同组织结构的对比、大小色块的对比，则为服装增添了层次感。款式二是 Pringle of Scotland 2017 年春夏款针织连体裤，设计

款式一

款式二

款式三

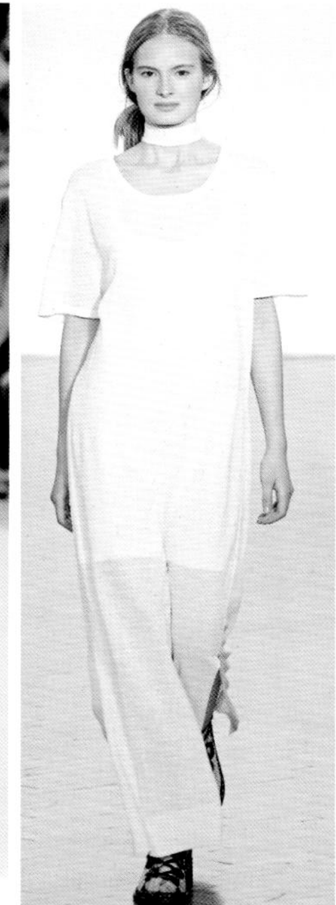
款式四

图 2-2-11　连体式针织裤装

师变戏法似的将经典的针织开衫变成了时尚连体裤，宽松的版型、纯白的色彩、精致的扣子、带点小性感的V领、颈部的飘带元素，都让服装显得优雅而富有仙气。肩部的密织与衣身的疏织形成对比，是服装的细节设计所在。腰部的绳带可放松亦可抽紧，丰富服装的造型效果。款式三是Missoni于2018年春夏发布的一款针织连体裤，鲜艳的色彩、闪光的金银丝线、性感的深V领，打造出时髦的派对形象。修身的廓型、收紧的罗纹脚口，看着简约却个性十足。款式四是Pringle of Scotland 2017年春夏款连体式针织裤装，圆领、短袖，袖口、领口有窄边饰，这些来自普通T恤的造型要素，通过设计师的创新设计，被赋予了新的生命，拥有了时尚的气息。脚口飘动的开衩，为服装增添了设计感。透明的面料让打底的吊带装变得若隐若现，为服装创造层次感。

二、针织时装变化设计

前面我们从衣形、面料、结构、色彩、装饰等多个方面对不同的针织时装进行了设计分析。在提纲挈领的解析过程中，这些针织时装在设计思路、设计理念以及表现手法等方面也给我们带来了一定的启发。接下来，我们以针织上装、裙装、裤装为例进行设计分析与变化设计。（表2-2-1至表2-2-3）

表2-2-1 针织上装设计分析与变化设计

款式（一）	设计分析	变化设计	设计说明
	这是美国服装品牌Tibi 2018秋冬纽约时装周上的单品。简单、宽松的版型，呈现出明显的廓型感，既切合“城市建筑”这一主题，又显得轻松、随性。领边和袖克夫的鲜艳橘色与衣身的深驼色形成鲜明对比，成为服装吸睛之笔。		在变化设计中，将落肩时装袖变为从袖底到领圈的插肩袖，使粗犷的建筑感廓型多了一份雅致。领口细条纹和袖摆粗、细双层条纹的装饰，既让服装的设计变得丰富，同时也为服装增添了一份温柔。
款式（二）	**设计分析**	**变化设计**	**设计说明**
	这是Roland Mouret 2017春夏时装秀单品。不对称的单肩领口设计和脖子上细长、飘逸的丝质缎带装饰，成功地将优美的肩部和颈部变成了吸睛的焦点，使服装显得性感而不失优雅。腰部的布料装饰又为服装增添了设计感和活力感。		Roland Mouret 2017春夏时装秀呈现的是一种以腰部以上为重的着装风格。遵循这一思路，将腰部的设计点上移，并以灵动的荷叶边形式加以呈现，凸显着装者迷人的肩部。腰部配有腰带，展现女性身体的曲线美。

（续表）

款式（三）	设计分析	变化设计	设计说明
	这是 Kenzo La Collection Memento N° 3 系列的一款单品。交叉的V领、及腰的长度与橙蓝撞色条纹组合在一起，使服装显得轻松而富有活力。黑色宽边袖口、袖窿、下摆及领子与衣身细条纹对比显著，形成焦点，为服装增添了设计感。		在变化设计中，将领口大胆开深，同时还在左右袖筒的下半部分添加开口，为服装创造更加自由随性的穿着体验。袖片的撞色提花设计和衣身的立体绞花肌理设计，使服装变得更具活力且丰富多彩。
款式（四）	**设计分析**	**变化设计**	**设计说明**
	这是 Tibi 2016 秋冬时装秀单品，一款纯黑色长袖针织开衫。常规的版型中，除了一排同色的纽扣，没有任何装饰，呈现简约式的优雅气质，突出舒适感。宽V领设计，露出女性美丽的锁骨和肩部，为服装增添一份时尚和性感。		Tibi 2016 秋冬时装系列是以休闲舒适为设计主题。围绕主题，在肩部添加了丝质蝴蝶结吊带，既丰富服装设计细节，又增添了女人味。将部分门襟带与衣身分开，形成飘带，则让服装变得灵动有趣、轻松自在。

表 2-2-2 针织裙装设计分析与变化设计

款式（一）	设计分析	变化设计	设计说明
	这是 Gabriela Hearst2017 秋冬时装秀单品，一款长款针织连衣裙。优质的纱线、简单的平纹肌理、普通的V领，使服装显得精致而富有知性，是经典之风的演绎。领口、袖口装饰的亮色条纹，为服装增添了设计感。		在变化设计中，高档的材料和完美的工艺，突出 Gabriela Hearst 2017 秋冬时装秀作品呈现的舒适、精致的特点。将袖长截短，并露出小部分肩部，则为原本经典的款式增添一份性感，但又不失优雅。
款式（二）	**设计分析**	**变化设计**	**设计说明**
	这是 Y Project 2017 秋冬时装秀单品。设计师巧妙地将硬朗的男装元素应用到女装设计中，宽松的版型、随性的落肩、夸张的衣长、高高的开衩、飘逸的绑带，让简单的卫衣变得帅气而富有活力，令人耳目一新。		Y project 2017 秋冬时装秀作品个性、有趣。围绕这一思路，变化设计将简单的运动款卫衣摇身变成了休闲、舒适的卫衣长裙。较深的V领和宽松的版型让服装显得慵懒、随性，双袖的开衩和绑带丰富了服装的设计细节。

（续表）

款式（三）	设计分析	变化设计	设计说明
	这是Esteban Cortazar 2017春夏时装秀单品。服装中运用到的设计手法特别丰富，有叠加、拼接、镂空等，一方面丰富服装的层次，另一方面使服装呈现出放飞天性、充满活力，甚至有点孩子气的特质，可谓是个性十足。		在变化设计中，修剪不齐的领口线、腰部被扯开了大口子，体现出Esteban Cortazar 2017春夏时装秀作品自然不造作的特点。开口处的立体绞花肌理与裙身的平面感形成对比，丰富了服装层次。裙摆的大波浪褶让服装变得动感十足。

表2-2-3 针织裤装设计分析与变化设计

款式（一）	设计分析	变化设计	设计说明
	这是美国时尚品牌Phillip Lim 2017早春度假系列作品之一。与以往硬朗的男性化风格大有不同，凹凸竖条状罗纹针织面料，充分展现了女性的曲线美；明快的亮色，让服装显得轻快有活力；上装扣眼与下纽扣的设计，让服装的款式充满变化。		Phillip Lim 2017早春度假系列作品的特点是时尚、休闲且富有女人味。在变化设计中，通过针织物组织结构的变化，形成了荷叶边式的褶皱效果，并以此来展现女性的柔性之美。加宽的版型和脚口的开衩设计，让服装显得轻松、随性。
款式（二）	**设计分析**	**变化设计**	**设计说明**
	这是Drome 2017春夏时装秀单品，一款针织连体裤。柔和的米黄色，使服装显得低调和谐；面料上的镂空处理，让服装多了一份轻松自在感；深V领口和肩部蝴蝶结的设计，赋予服装性感、柔美的气质。		在变化设计中，个性的单肩设计，赋予了服装简洁、干练的气质；胸部合体的交叉式褶皱设计，展现了女性的曲线之美；面料上大小不一的镂空处理，让服装显得自由、随性。
款式（三）	**设计分析**	**变化设计**	**设计说明**
	这是英国本土品牌Chinti and Parker的产品。优质的天然材质、宽松的廓型，突出服装的舒适性；经典的色彩与脚口朴素的细线条装饰，使服装呈现出中性、简约的英伦风格。		在变化设计中，为裤装的左右外侧缝处添加了织带装饰，使服装多了一份青春活力和运动气息；裤筒上采用针织提花工艺织成的图案和脚口裸露的线头，让服装显得精致而质朴。

【课外练习】

一、作业内容

收集 20 款针织时装图片资料，并从中选出能给你带来较多启发的 10 款服装进行设计分析和变化设计练习。

二、作业要求

（1）以小组为单位，每组 2 人。

（2）款式数量：上装 10 款、裙装 5 款、裤装 5 款。

（3）变化设计以款式图的形式呈现（运用 CorelDRAW 等绘图软件进行绘制）。

（4）作业做成 PPT 形式（具体包括灵感图片与设计分析、变化设计图片与设计说明）。

【项目小结】

本项目主要学习针织时装设计分析的方法，以及用线稿记录一些受品牌针织时装设计启发而形成的变化设计的过程。通过项目初期针织时装的收集，同学们对许多国际时装品牌的风格特点有了一定的了解，在一定程度上拓宽了眼界，同时也为中期工作做好准备；在项目中期，同学们掌握针织时装设计分析的方法，并能在分析过程中，从品牌针织时装的设计思路、设计理念以及表现手法等方面获得启发，形成自己的变化设计，并以表格的形式呈现出来，形成项目成果，培养了创新意识，提高了创新能力。

项目三　成形针织服装编织工艺设计

【项目介绍】

本项目主要解读成形针织服装编织工艺设计的流程及典型成形针织服装编织工艺设计的方法，并以一款圆领、露肩、短袖成形针织时装为例，分析其编织工艺设计与计算方法。除此之外，还将介绍成形针织服装编织工艺单的制作。

【知识目标】

- 了解成形针织服装编织工艺设计的流程
- 掌握典型款式成形针织服装的结构分解方法
- 掌握典型款式成形针织服装的编织工艺设计方法
- 掌握成形针织服装编织工艺单的编织方法

【能力目标】

- 能熟练操作 CorelDRAW、Office 等软件
- 能绘制出典型款式成形针织服的结构分解图
- 能绘制出典型款式成形针织服装的尺寸测量图
- 能完成典型款式成形针织服装的编织工艺设计及编织工艺单的制作

任务一　编织工艺设计解读

【提出任务】

成形针织服装编织工艺设计是成形针织服装产品生产中的重要环节。编织工艺设计合理与否，将直接影响产品的质量和生产效率。本次任务主要是分析典型成形针织服装产品的款式特点，分解典型成形针织服装产品的结构，解读部分典型成形针织服装产品的编织工艺设计方法。

【相关知识】

衣片结构图：指成形针织服装解构后每个衣片的形状图。

横机机号：指横机针床上规定长度（2.54cm）内所具有的针数（或针槽数）。

纱线线密度：描述纱线粗细程度的指标，常用单位有特克斯（tex）、公支（N）和英支（s）等。各单位换算关系为：特克斯（tex）= 583÷英支（s）= 1000÷公支（N）。

成品密度：指缝合好的成形针织服装经过洗水、定型等后整理工序后，最终形成成品时的密度。成品密度测量方法：水平、垂直量数规定长度（一般取 10cm）内的线圈纵行数和线圈横列数，分别用横密与纵密来表示。成品密度一般包括大身成品密度、袖身成品密度及附件成品密度（如领条、门襟、袋条等）。

在编织时，袖子排针数相对较少（与大身相比），门幅相对较窄，受牵拉力作用纵向容易发生较大变形，横向较紧密。如果袖子横、纵密采用与大身相同的密度，则成品袖长就会超出规定尺寸。因此，在编织工艺设计时，袖子的横密要比大身横密大一点，纵密比大身纵密小一点，以满足成品尺寸规格。

拉密法：分为横向拉密法和纵向拉密法。横向拉密法是将下机衣片一定数量（一般取 10 个）的线圈纵行横向拉伸至最大宽度时测其横向尺寸；纵向拉密法是将下机衣片一定数量（一般取 20 个）的线圈横列纵向拉伸至最大长度时测其纵向尺寸。通过企业调查发现，大部分毛针织工厂都采用比较快捷的拉密法控制成形针织服装的毛坯密度（指下机后的成形针织服装衣片通过回缩去除内应力，到达或接近衣片自然松弛时的密度，也称下机回缩密度），从而进一步控制成形针织服装的成品密度及尺寸。

一、典型成形针织服装产品分类

按门襟类型分为套衫和开衫两大类。套衫可分为无门襟衫、假门襟衫和半开口门襟衫，开衫可分为前开襟衫和后开襟衫。

按肩型分为平肩平袖型、斜肩平袖型、插肩袖型和马鞍肩袖型。

按袖型分为有袖型和无袖型。有袖型可分为长袖、中袖和短袖等。

按领型分为挖领和添领。挖领可分为圆领、V 领、一字领等，添领可分为翻领、樽领和堆领等。

二、编织工艺设计与计算注意事项

成形针织服装产品在编织工艺设计时的计算顺序：一般采用后身→前身→袖片→附件的顺序计算。这样有利于提高计算的便利性和速度。

在进行各衣片的编织工艺计算时，可以先求出衣片各部位的横向针数，然后求出其各部位的纵向转数，最后对收、放针部位进行收、放针针数和转数的分配设计。这样有利于提高编织工艺设计的速度和正确性。

【实施任务】

一、成形针织服装编织工艺设计流程分解

第一步：根据产品资料绘制正、背面款式图。

第二步：绘制尺寸测量图。

（1）确定编织工艺设计所需要的尺寸数据。

（2）确定每个数据的测量方法。

（3）绘制尺寸测量图。

第三步：制作、填写规格尺寸表。

（1）根据尺寸测量图中的尺寸数量设计表格框架。

（2）对照尺寸测量图填写规格尺寸表（可以按照先横向后纵向、先衣身后附件的顺序填写）。

第四步：分析款式，绘制衣片结构图。

（1）确定衣片数量。

（2）分析每个衣片的形状。

（3）观察前、后衣片间的尺寸关系。

（4）绘制各个衣片的结构图。

第五步：编写工艺要求。

（1）原料：材质、纱线线密度。

（2）组织与用纱：各部位的组织结构及使用纱线情况。

（3）拉密情况：不同组织结构的拉密不同。

第六步：确定工艺参数。

（1）横机机号确定：根据横机机号与纱线线密度的关系公式 G2 = K/TT，结合企业或学校实际情况，确定合适的编织机器。

（2）成品密度确定：包括大身横密和大身纵密，袖身横密和袖身纵密，下摆、袖口织物的成品密度（下摆、袖口与大身组织结构不同的情况下），附件成品密度。

第七步：各衣片编织工艺设计与计算。

（1）后片编织工艺设计与计算。

（2）前片编织工艺设计与计算。

（3）袖片编织工艺设计与计算。

（4）附件编织工艺设计与计算。

二、典型产品编织工艺设计解读

（一）典型成形针织服装产品款式分析与结构分解

1. 平肩平袖产品

款式特点：袖夹为平直式，前后肩斜度为零，袖子为简单梯形，无袖山。

款式结构分解，如图 3-1-1 所示。

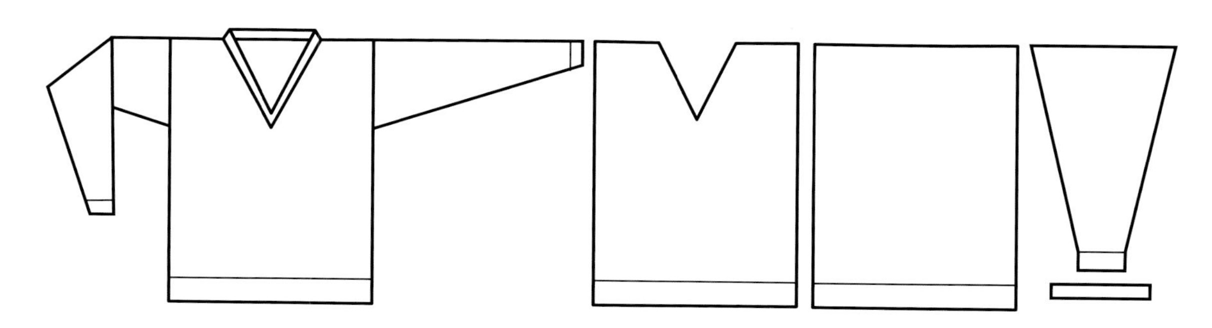

图 3-1-1 平肩平袖产品结构分解图

2. 斜肩平袖产品

款式特点有两种类型。斜肩型：肩部外形为倾斜式，前后衣片的肩部均有一定的斜度，成衣后肩缝基本正中，后片领部一般为平直状，袖山头为平直型，袖山有收夹曲线。背肩型：肩部外形为倾斜式，前片肩部平直无斜度，后片肩部斜度较大，成衣后肩缝外肩点后折约 5cm，后片领部一般为平直状，袖山头为平直型，袖山有收夹曲线。

款式结构分解：斜肩型款式结构分解，如图 3-1-2 所示。背肩型款式结构分解，如图 3-1-3 所示。

3. 插肩袖产品

款式特点：肩部由前后衣片转移到袖片，袖山直插至领部，肩线为直线型，前后衣片的袖窿为直线斜收，无收夹曲线，袖山头为倾斜型。

款式结构分解，如图 3-1-4 所示。

图 3-1-2　斜肩平袖（斜肩型）产品结构分解图

图 3-1-3　斜肩平袖（背肩型）产品结构分解图

图 3-1-4　插肩袖产品结构分解图

4. 马鞍肩袖产品

款式特点：肩部由前后衣片转移到袖片，袖山直插至领部，肩线为曲线型，前衣片的袖窿为曲线收，后衣片的袖窿为直线斜收，袖山头为马鞍状。

款式结构分解，如图 3-1-5 所示。

（二）典型成形针织服装产品编织工艺设计解读

以斜肩平袖产品和插肩袖产品为例，解读典型成形针织服装产品各衣片的编织工艺设计与计算方法。

1. 斜肩平袖产品编织工艺设计解读

(1) 后片编织工艺设计解读，如图 3-1-6 所示。

①后胸宽针数如下：

A. 套衫后胸宽针数＝（胸宽尺寸－后折宽－弹性差异）× 大身横密＋侧缝耗 ×2。

B. 开衫后胸宽针数＝（胸宽尺寸－后折宽）× 大身横密＋侧缝耗 ×2。

设计说明：后折宽是指前衣片两侧折向后身的宽度，一般取 0 至 2cm（两边共计），主要是为了获得良好的外观效果。

弹性差异：纱线被弯曲成圈后力图伸直的弹性力。成形针织服装在穿着过程中会出现横向变宽的现象，弹性差异一般取 0.5 至 1cm。由于开衫在穿着过程中，横向受力较小，弹性差异可忽略。

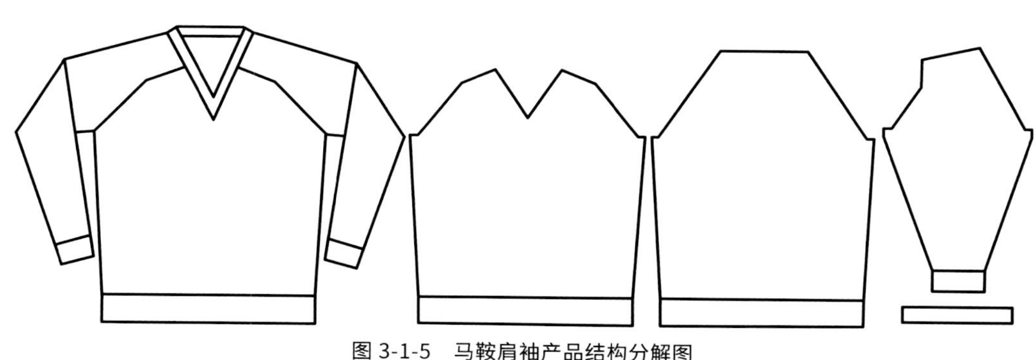

图 3-1-5 马鞍肩袖产品结构分解图

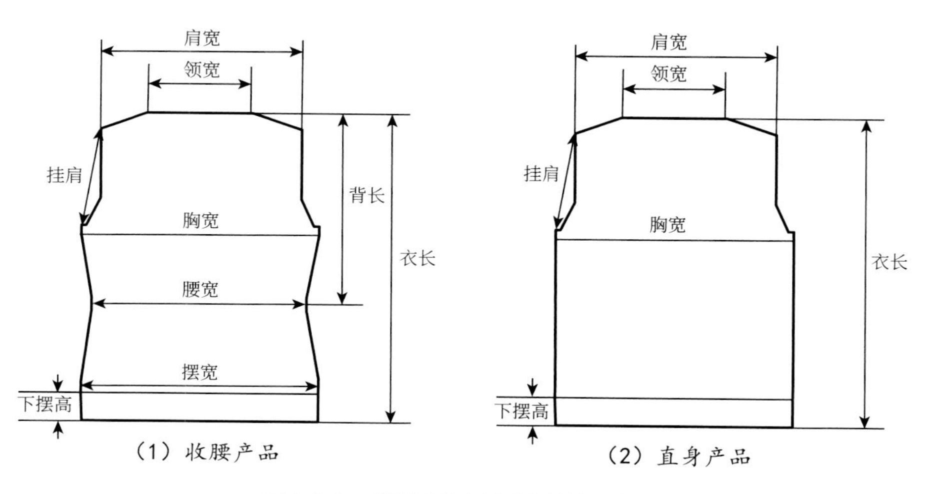

图 3-1-6 斜肩平袖产品后片结构示意图

②后腰宽针数如下：

A. 收腰产品。

套衫后腰宽针数＝（腰宽尺寸—后折宽－弹性差异）× 大身横密＋侧缝耗 ×2。

开衫后腰宽针数＝（腰宽尺寸—后折宽）× 大身横密＋侧缝耗 ×2。

B. 直身产品：后腰宽针数＝后胸宽针数。

③后摆宽针数如下：

A. 收腰产品。

套衫后摆宽针数＝（摆宽尺寸—后折宽—弹性差异）× 大身横密＋侧缝耗 ×2。

开衫后摆宽针数＝（摆宽尺寸—后折宽）× 大身横密＋侧缝耗 ×2。

B. 直身产品：后摆宽针数＝后胸宽针数—快方针针数。

设计说明：快方针针数是指下摆向大身过渡时，为了提高穿着的舒适度，一般会加 1 次针（加针数量 0 至 4 针，具体依据款式而定）。

④后肩宽针数＝肩宽尺寸 × 牵拉预收修正值 × 大身横密＋装袖缝耗 ×2。

设计说明：牵拉预收修正值的设定是考虑后衣片在生产、穿着过程中，受袖子拉力影响，使肩宽部位的线圈变形，造成横密减小、肩宽变宽，影响外观效果。牵拉预收修正值的取值要依据具体袖型来定，无袖类产品取 100%，有袖类产品取值 93% 至 100%（肩宽受袖子拉力越大，修正幅度越大，高机号产品可不作修正）。

⑤后领宽针数如下：

A. 后领宽针数（外量）＝领宽尺寸 × 大身横密—装领缝耗 ×2。

B. 后领宽针数（内量）＝（领宽尺寸＋领边宽 ×2）× 大身横密—装领缝耗 ×2。

注：后领宽外量与内量方法，如图 3-1-7 所示。

⑥后衣长转数如下：

A. 后衣长转数（斜肩型）＝（衣长尺寸—下摆高—1/2 前后衣长差）× 大身纵密＋肩缝耗。

B. 后衣长转数（背肩型）＝（衣长尺寸—下摆高）× 大身纵密＋肩缝耗。

设计说明：为了使服装在穿着或平放时肩缝靠后，形成良好的外观效果，在设计斜肩型斜肩平袖产品的编织工艺时，一般会将前衣片设计成比后衣片长 1 至 2cm。但背肩型斜肩平袖产品的前后衣长差一般为 0。

⑦后身挂肩转数如下：

A. 后身挂肩转数（斜肩型）＝（挂肩高度—1/2 前后衣长差）× 大身纵密

$=[\sqrt{挂肩尺寸^2-(胸肩差/2)^2}-1/2\text{前后衣长差}]\times$ 大身纵密。

B. 后身挂肩转数（背肩型）＝（挂肩高度—1/2 后肩斜高）× 大身纵密。

$=(\sqrt{挂肩尺寸^2-(胸肩差/2)^2}-1/2\text{后肩斜高})\times$ 大身纵密。

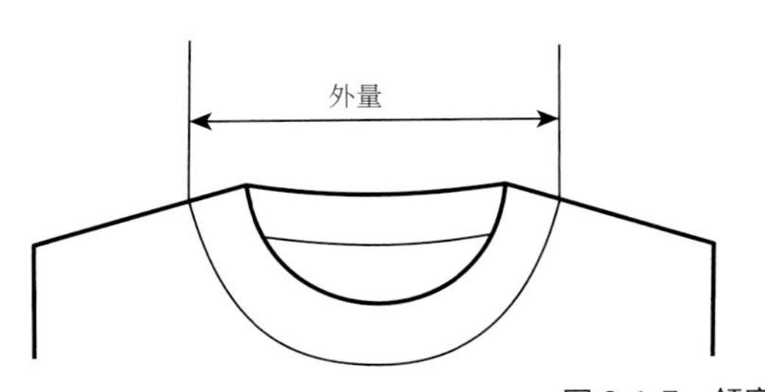

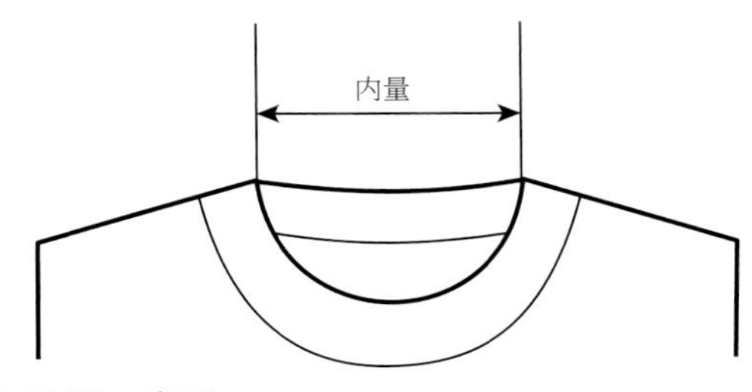

图 3-1-7　领宽尺寸测量示意图

⑧后身挂肩收针转数＝后身挂肩收针高度 × 大身纵密。

设计说明：挂肩收针高度经验值为男衫 8 至 10cm，女衫 7 至 9cm，童装 4 至 7cm 。

⑨后身挂肩平摇转数＝后身挂肩转数－后身挂肩收针转数。

⑩后身挂肩装袖记号点以上转数＝后身挂肩转数－袖山高尺寸 × 大身纵密。

注：袖山高尺寸＝$\sqrt{挂肩尺寸^2－袖肥^2}$

设计说明：如图 3-1-8 所示，装袖时，AO 对应 $A'O'$ 缝合，BO 对应 $B'O'$ 缝合，$BE=O'D$（袖山高）$=AC$。

⑪后身挂肩收针分配设计：在任务二的具体案例中讲解。

⑫后肩斜收针转数＝后肩斜高度 × 大身纵密＋缝耗。

设计说明：后肩斜高度＝ 0.75 单肩宽。

⑬后肩收针分配设计：在任务二的具体案例中讲解。

⑭后身挂肩以下转数＝后衣长转数－后身挂肩转数－后肩斜收针转数。

⑮后身挂肩下的平摇设计与收、放针设计（针对收腰产品）。

A. 后身挂肩下平摇转数＝挂肩下平摇高度 × 大身纵密。

B. 后身下摆平摇转数＝下摆平摇高度 × 大身纵密。

C. 后身腰部平摇转数＝腰部平摇高度 × 大身纵密。

设计说明：在胸部、腰部、摆部设计平摇高度，一方面是为了便于胸宽、腰宽、摆宽的尺寸量取，另一方面是为了让侧缝的曲线变得平缓。

D. 后身腰下收针转数＝（衣长尺寸－背长尺寸－下摆高）× 大身纵密－下摆处平摇转数－1/2 腰部平摇转数。

E. 后身腰下收针分配设计：在任务二的具体案例中讲解。

F. 后身挂肩下放针转数＝后身挂肩以下转数－后身挂肩下平摇转数－后身腰部平摇转数－后身腰下收针转数－后身下摆处平摇转数。

G. 后身挂肩下放针分配设计：在任务二的具体案例中讲解。

（2）前片编织工艺设计解读，如图 3-1-9 所示。

①前胸宽针数如下：

A. 套衫前胸宽针数＝（胸宽尺寸＋后折宽－弹性差异）× 大身横密＋侧缝耗 ×2。

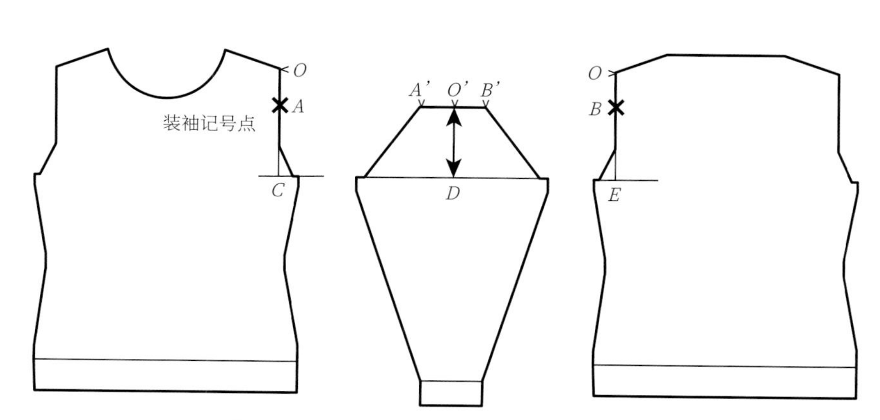

图 3-1-8　后身挂肩平摇处装袖记号点的设计

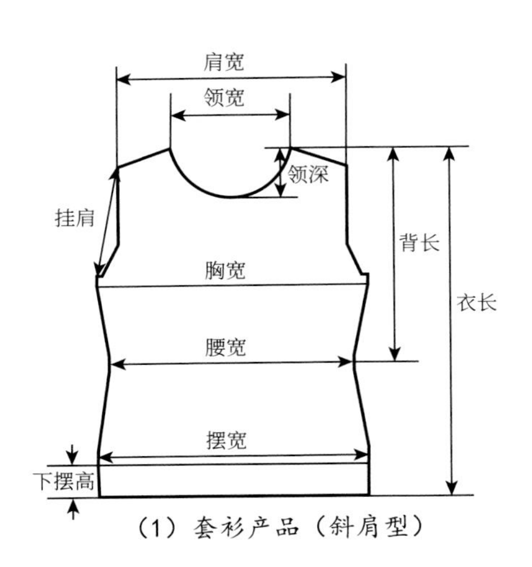

（1）套衫产品（斜肩型）

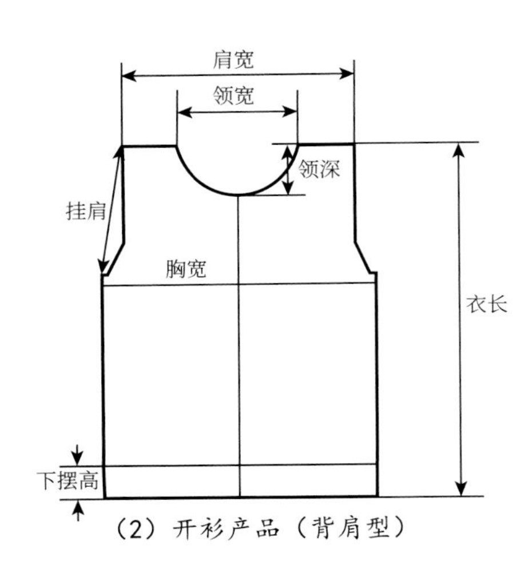

（2）开衫产品（背肩型）

图 3-1-9 斜肩平袖产品前片结构示意图

B. 开衫前胸宽针数＝（胸宽尺寸＋后折宽—门襟宽）× 大身横密＋ 2×（侧缝耗＋装门襟缝耗）。

②前腰宽针数如下：

A. 收腰产品。

套衫前腰宽针数＝（腰宽尺寸＋后折宽—弹性差异）× 大身横密＋侧缝耗 ×2。

开衫前腰宽针数＝（腰宽尺寸＋后折宽—门襟宽）× 大身横密＋ 2×（侧缝耗＋装门襟缝耗）。

B. 直身产品：前腰宽针数＝前胸宽针数。

③前摆宽针数如下：

A. 收腰产品。

a. 套衫前摆宽针数＝（摆宽尺寸＋后折宽—弹性差异）× 大身横密＋侧缝耗 ×2。

b. 开衫前摆宽针数＝（摆宽尺寸＋后折宽—门襟宽）× 大身横密＋ 2×（侧缝耗＋装门襟缝耗）。

B. 直身产品：前摆宽针数＝前胸宽针数—快方针针数。

④前肩宽针数如下：

A. 套衫前肩宽针数＝肩宽尺寸 × 牵拉预收修正值 × 大身横密＋装袖缝耗 ×2。

B. 开衫前肩宽针数＝后肩宽针数－门襟宽 × 大身横密＋装门襟缝耗针数 ×2。

⑤前领宽针数如下：

A. 套衫前领宽针数＝后领宽针数。

B. 开衫前领宽针数＝后领宽针数－（后肩宽针数－前肩宽针数）。

⑥前领深转数如下：

A. 前领深转数（外量）＝（前领深尺寸－领边宽）× 大身纵密－装领缝耗。

B. 前领深转数（内量）＝（前领深尺寸＋领边宽）× 大身纵密－装领缝耗。

注：前领深外量与内量方法如图 3-1-10 所示。

⑦领收针分配设计：在任务二的具体案例中讲解。

⑧前衣长转数如下：

A. 前衣长转数（斜肩型）＝（衣长尺寸－下摆高＋前后衣长差 /2）× 大身纵密＋肩缝耗。

B. 前衣长转数（背肩型）＝后衣长转数（背肩型）。

⑨前身挂肩以下转数＝后身挂肩以下转数。

⑩前身挂肩转数如下：

A. 前身挂肩转数（斜肩型）＝（挂肩高度＋1/2 前后衣长差）× 大身纵密

$=[\sqrt{挂肩尺寸^2-(胸肩差/2)^2}+1/2$ 前后

外量

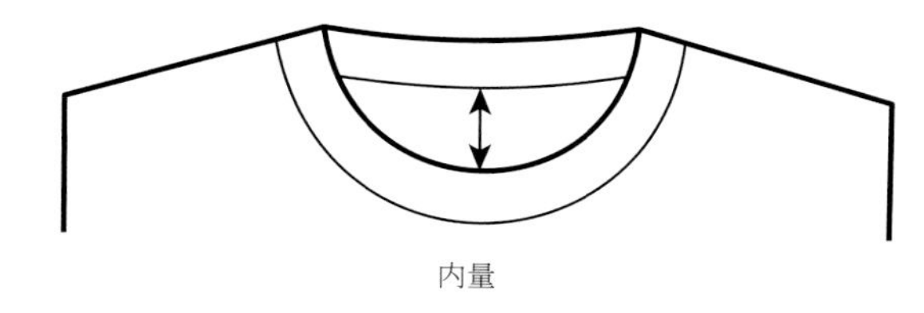

图 3-1-10　领深尺寸测量示意图

衣长差]× 大身纵密。

B. 前身挂肩转数（背肩型）＝（挂肩高度＋1/2 后肩斜高）× 大身纵密

$=（\sqrt{挂肩尺寸^2-（胸肩差/2）^2}+1/2$ 后肩斜高）× 大身纵密。

或：前身挂肩转数（背肩型）＝前身长转数－前身挂肩以下转数。

⑪前身挂肩收针转数＝后身挂肩收针转数。

⑫前身挂肩平摇转数＝前身挂肩转数－前身挂肩收针转数。

⑬前身挂肩装袖记号点以上转数＝前身挂肩转数－袖山高尺寸 × 大身纵密。

⑭前身挂肩收针分配设计：在任务二的具体案例中讲解。

⑮前肩斜收针转数（斜肩型）＝后肩斜收针转数。

设计说明：背肩型产品前片肩部为平直型，即不收肩斜。

⑯前肩收针分配设计（斜肩型）：在任务二的具体案例中讲解。

⑰前身挂肩下的平摇设计与收、放针设计（针对收腰产品）。

A. 前身挂肩下平摇转数＝后身挂肩下平摇转数。

B. 前身下摆平摇转数＝后身下摆平摇转数。

C. 前身腰部平摇转数＝后身腰部平摇转数。

D. 前身腰下收针转数＝后身腰下收针转数。

E. 前身腰下收针分配设计同后身腰下收针分配设计。

F. 后身挂肩下放针转数＝前身挂肩下放针转数。

G. 前身挂肩下放针分配设计同后身挂肩下放针分配设计。

（3）袖片编织工艺设计解读，如图 3-1-11 所示。

①袖宽针数＝袖肥尺寸 ×2× 袖横密＋缝耗 ×2。

②袖山头针数＝（前、后身挂肩装袖记号点以上转数之和－肩缝耗 ×2）÷ 大身纵密 × 袖横密＋装袖缝耗 ×2。

③袖口宽针数 ＝袖口尺寸 ×2× 袖横密＋缝耗 ×2。

④袖长转数 ＝（袖长尺寸－袖口罗纹高）× 袖身纵密＋装袖缝耗。

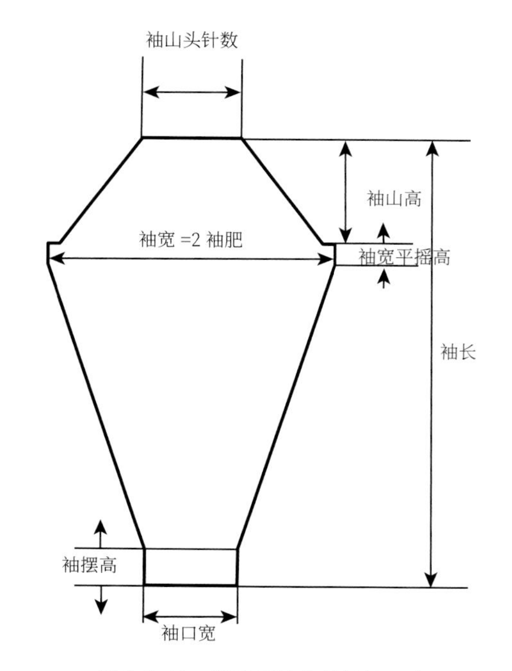

图 3-1-11　斜肩平袖产品袖片示意图

⑤袖口罗纹转数 ＝袖口罗纹高 × 罗纹纵密－起口空转转数。

设计说明：起口时空转 1 ～ 2 转，主要是为了防止袖口出现“荷叶边”现象。

⑥袖山收针转数＝袖山高尺寸 × 袖身纵密＋装袖缝耗。

⑦袖山收针分配设计：在任务二的具体案例中讲解。

⑧袖宽平摇转数 ＝平摇尺寸 × 袖身纵密。

设计说明：袖宽平摇尺寸一般取 3 ～ 5cm。

⑨袖子放针转数＝袖长总转数－袖山收针转数－袖宽平摇转数。

⑩袖身放针分配设计：在任务二的具体案例中讲解。

（4）附件编织工艺设计解读内容如下：

①领子的编织工艺设计如下：

A. 领的开针数＝领长 × 领横密。

B. 领高转数。

领高转数（包边）＝领高尺寸 × 领纵密－起口空转转数－顶部圆筒转数。

领高转数（缝边）＝领高尺寸 × 领纵密－起口空转转数＋装领缝耗。

C. 挑孔做装领记号：在任务二的具体案例中讲解。

②开衫产品门襟的编织工艺设计如下：

A. 门襟开针针数＝门襟宽 × 门襟横密。

B. 门襟转数＝门襟长 × 门襟纵密＝（衣长－领深）× 门襟纵密＋缝耗。

2. 斜肩袖产品编织工艺设计解读（图 3-1-12）

（1）后片编织工艺设计内容如下：

①后胸宽针数＝（胸宽尺寸－后折宽）× 大身横密＋侧缝耗 ×2。

设计说明：这是一款 V 领收摆产品，这类款式相对比较宽松，弹性差异可以忽略。

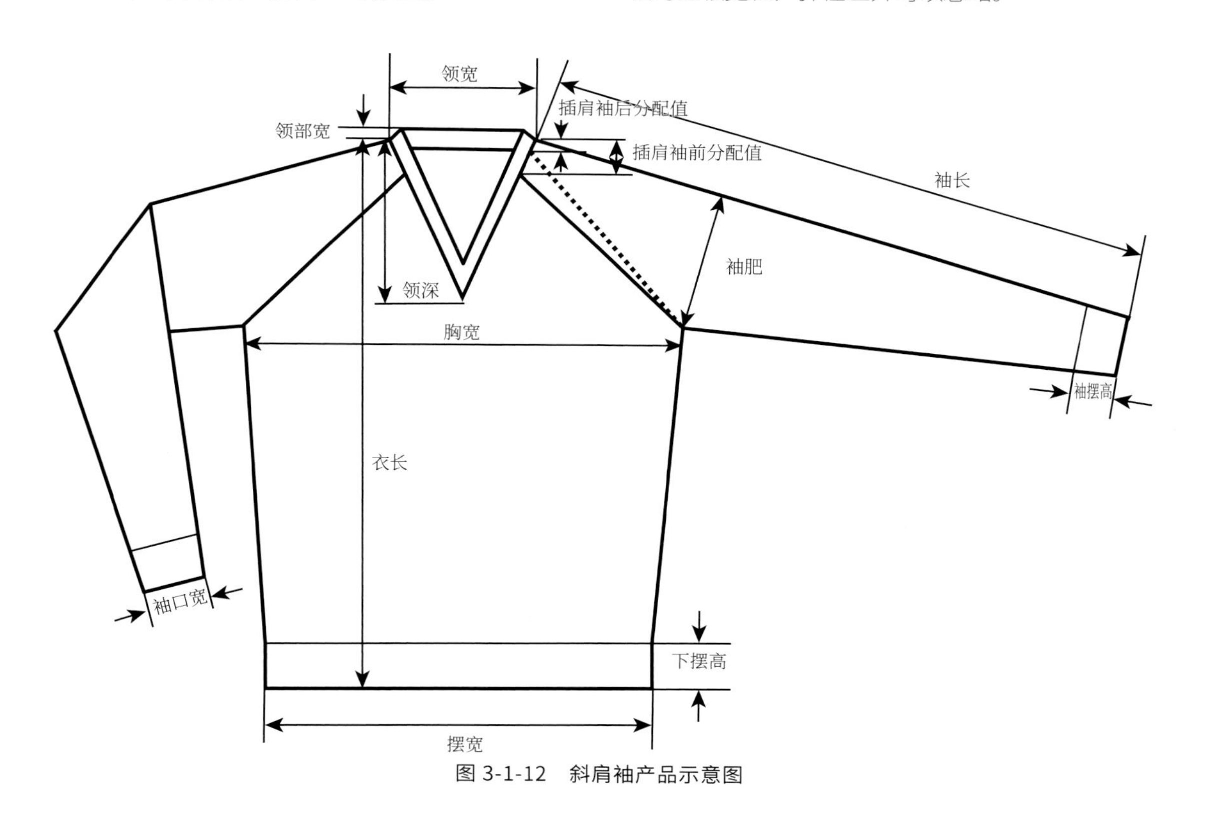

图 3-1-12 斜肩袖产品示意图

②后摆宽针数＝（下摆宽尺寸－后折宽）× 大身横密＋侧缝耗 ×2。

③后领宽针数＝（领宽尺寸－ 2× 插肩袖后身分配值）× 大身横密－两边缝耗针数。

④后衣长转数＝（衣长尺寸－下摆罗纹高－插肩袖后身分配值＋几何差）× 大身纵密＋装领缝耗。

设计说明：由于插肩袖倒后部分是一条倾斜度较小的斜线，直接相减会使衣长变短，故这里需要加上一个几何差来修正一下。

⑤后身下摆罗纹转数＝下摆罗纹高 × 罗纹纵密－起口空转转数。

⑥后身挂肩以上转数＝（袖肥＋工艺修正值）× 大身纵密＋缝耗转数。

设计说明：工艺修正值的大小一般依据尺码的大小而定，女衫取值为 3 ～ 6cm，男衫取值为 5 至 8cm，本例取值为 4.5cm。

⑦后身挂肩收针分配：在任务二的具体案例中讲解。

⑧后身挂肩以下转数＝后衣长转数－后身挂肩以上转数。

⑨后身挂肩下平摇转数＝挂肩下平摇高度 × 大身纵密。

设计说明：挂肩下设计一个平摇高度（一般取 1.5 至 3cm），便于胸宽尺寸量取。

⑩后身挂肩下放针分配设计：在任务二的具体案例中讲解。

（2）前片编织工艺设计内容如下：

①前胸宽针数＝（胸宽尺寸＋后折宽）× 大身横密＋侧缝耗 ×2。

②前摆宽针数＝（下摆宽尺寸＋后折宽）× 大身横密＋侧缝耗 ×2。

③前领宽针数＝ [领宽尺寸－ 2×（插肩袖前身分配值－几何差）]× 大身横密－两边缝耗针数。

注：（插肩袖前身分配值－几何差）/ 插肩袖前身分配值＝半领宽 / $\sqrt{半领宽^2+领深^2}$ 。

设计说明：由于插肩袖倒前部分是一条斜线，直接相减会使领宽变窄，故这里需要减去一个几何差来修正一下。

④前衣长转数＝（衣长尺寸－下摆罗纹高－插肩袖前身分配值＋几何差）× 大身纵密＋装领缝耗。

⑤前身下摆罗纹转数＝后身下摆罗纹转数。

⑥前身挂肩以上转数＝后身挂肩以上转数－前后片衣长差 × 大身纵密。

⑦前身挂肩收针分配：在任务二的具体案例中讲解。

⑧前身挂肩以下转数＝后身挂肩以下转数。

⑨前身挂肩下平摇转数＝后身挂肩下平摇转数。

⑩前身挂肩下放针分配设计同后身挂肩下放针分配设计。

⑪前领深收针转数＝（前领深尺寸－插肩袖前身分配值＋几何差）× 大身纵密＋缝耗。

⑫开领点转数＝前衣身长转数－前领深收针转数。

⑬前领收针分配设计：在任务二的具体案例中讲解。

（3）袖片编织工艺设计内容如下：

①袖宽针数=袖肥尺寸 ×2× 袖横密+缝耗 ×2。

②袖口针数＝袖口尺寸 ×2× 袖横密＋缝耗 ×2。

③袖长转数＝（袖长尺寸－袖口罗纹高）× 袖纵密＋缝耗转数。

④袖口罗纹转数＝袖口罗纹高 × 罗纹纵密－起口空转转数。

⑤袖山收针设计如图 3-1-13 所示：

A. 前袖山（线段 *JF*）收针设计：在任务二的具体案例中讲解。

B. 后袖山（线段 GE）收针设计：在任务二的具体案例中讲解。

C. 袖山头（线段 JE）收针设计：在任务二的具体案例中讲解。

⑥袖宽平摇转数＝袖宽平摇尺寸 × 袖纵密。

⑦袖子放针设计：在任务二的具体案例中讲解。

（4）领条编织工艺设计内容如下：

①领开针数＝领长 × 领横密 ×2。

②领高转数如下：

A. 领高转数（包边）＝领高尺寸 × 领纵密－起口空转转数－顶部圆筒转数。

B. 领高转数（缝边）＝领高尺寸 × 领纵密－起口空转转数＋装领缝耗。

③挑孔做记号：在任务二的具体案例中讲解。

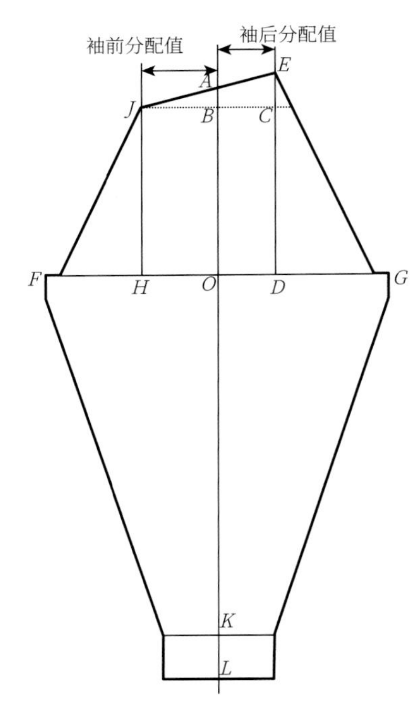

图 3-1-13　插肩袖结构分析图

任务二　时尚女套衫编织工艺设计实践

【提出任务】

在服装设计中，肩部造型处理是设计师表现设计风格的一个重要方面，不同形态的肩部设计可以塑造出风格迥异的服装款式。如挖空露肩造型，让女性或圆润或清瘦的肩头显露，使着装者显得性感而不失优雅，展现一份欲语还休的时尚之美，深受广大女性消费者的欢迎。在任务二中，我们主要学习一款挖空式露肩女套衫的编织工艺设计。

【相关知识】

圆领：指领角呈半圆形或近似半圆形的领型，也叫圆角领，是毛衫的常用领型，穿着后能给人一种轻松自由的感觉，并且易与其他服装进行搭配。

露肩：是指通过加大领口、挖洞、不对称设计及绳带运用等方式来展露女性肩部美的服装肩部形态。它并非现代时装的专利，早在法国大革命前后，裸露肩部就已进入了时装审美的范畴。露肩的形式分为全露、半露和局部露三种，具体款式有 V 领露肩、一字领露肩、斜肩式露肩、吊带式露肩、挖空露肩及交叉露肩等。露肩不仅可以展现女性完美的肩颈线条，还能修正体型。如肩宽的女性穿着斜肩式露肩装或 V 领露肩装，不仅削弱了宽肩的印象，还能多一份性感和时尚感；肩颈线条不完美的女性可以选择挖空设计的露肩装，在隐藏缺陷的同时还增添了美。

收摆：是指通过减小下摆尺寸，使服装整体廓型呈现上宽下窄的 V 型效果，给人以活泼、洒脱、干练的感觉。

长短袖：是指袖长到大臂中部至肘关节之间的袖子款式。

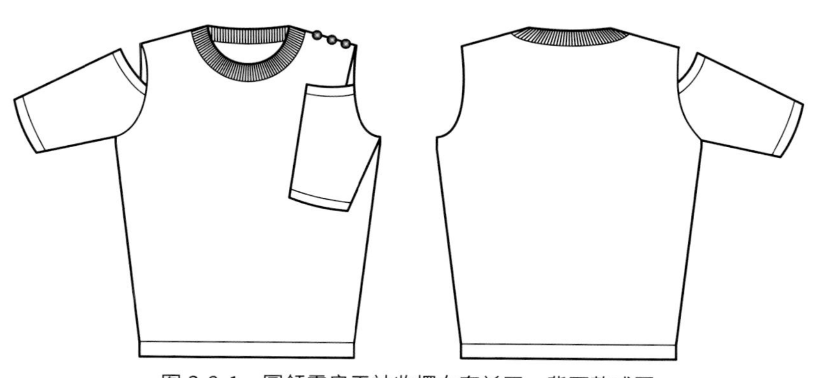

图 3-2-1　圆领露肩平袖收摆女套衫正、背面款式图

【实施任务】

一、绘制正、背面平面款式图（图 3-2-1）

二、绘制尺寸测量图（图 3-2-2）

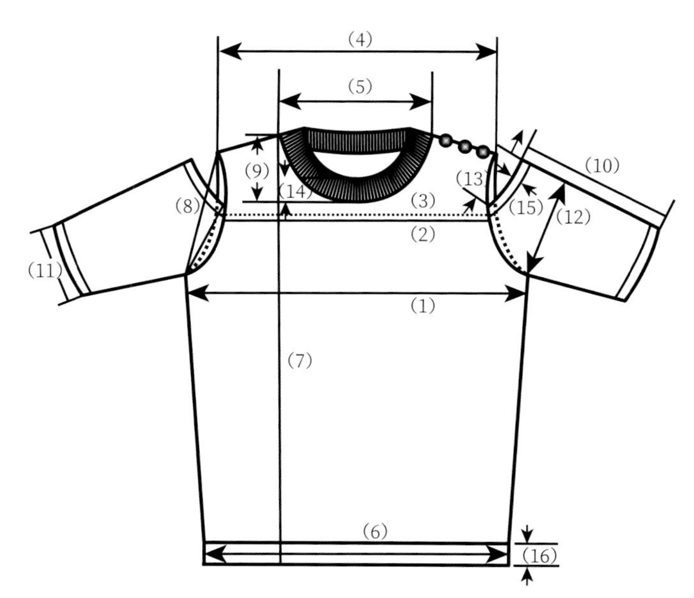

图 3-2-2　圆领露肩平袖收摆女套衫尺寸测量图

三、制作、填写规格尺寸表（表 3-2-1）

表 3-2-1 圆领露肩平袖收摆女套衫规格尺寸表

序号	部位	尺寸 (cm)	序号	部位	尺寸 (cm)
(1)	胸宽	41	(9)	前领深	10
(2)	上胸宽	32	(10)	袖长	21
(3)	后背宽	33.5	(11)	袖口宽	10.5
(4)	肩宽	36	(12)	袖肥	12
(5)	领宽	18.5	(13)	袖山顶宽	7.5
(6)	下摆宽	37	(14)	领边宽	3.2
(7)	衣长	52	(15)	袖山顶边	1.5
(8)	身、袖挂肩	17/8	(16)	下摆、袖口圆筒	2/1.5

四、绘制衣片结构图（图 3-2-3）

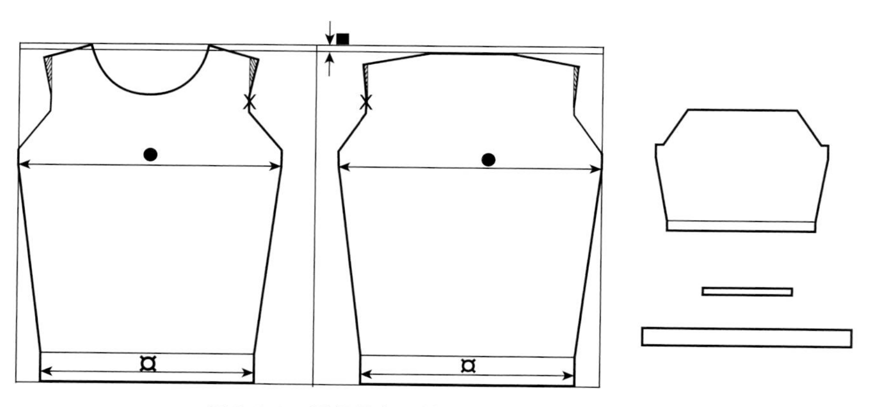

图 3-2-3 圆领露肩平袖收摆女套衫衣片结构图

绘制说明：

“■”表示前后片衣长差。在设计斜肩平袖类毛衫的编织工艺时，一般会将前衣片设计成比后衣片长 1 至 2cm，以便毛衫在穿着或平放时肩缝靠后，形成良好的外观效果。本例中前、后衣片的衣长差设计为 2 cm。

“¤”表示前、后衣片的下摆宽相同。

“●”表示前、后衣片的胸宽相同。由此可以说明本例产品前片的左右两边没有设计后折效果，所以在后面的编织工艺设计与计算中不用考虑后折宽。

“×”表示装袖记号点的位置。

肩型：本例产品的肩部形态为斜肩型，即前、后片均收肩坡。

劈势（阴影部分）：本产品为平袖斜肩产品，为了便于缝合，并使成衣更能适合人体体型，需在前、后身肩口处加放上袖“劈势”。

后领结构线：在圆领成形针织服装的编织过程中，生产者为了提高产品的生产效率，通常对后领不采取收针处理，即后领的顶部为平位结构，而款式图中的后领深效果是成衣在上领、穿着后自然形成的。

五、编写工艺要求

原料：本产品采用 37.8tex 的粘纤与锦纶混纺纱（粘纤 63%、锦纶 37%）。

组织与用纱：大身、袖身为四平组织，单根毛纱加 1 根弹性丝编织；袖口、下摆为圆筒组织，单根毛纱加 1 根弹性丝编织；袖山顶贴、领条为 1 ＋ 1 罗纹，单根毛纱加 1 根弹性丝编织。

大身、袖的夹圈收针为无边，放针有 1cm 的边。

六、确定工艺参数

（一）横机机号确定

根据横机机号与纱线线密度的关系公式 G2 ＝ K/TT（TT ＝ 35.2tex，K 取值为 9000），得出 G ＝ 15.43（针），最接近 16 针，所以本产品选用 16 针横机作为编织机器。

（二）大身成品密度确定

量数 5cm 宽度（水平量取）和 5cm 长度（垂直量取）范围内所具有的线圈条数和横列数来确定织物的横密和纵密，得出：大身横密＝ 37.5 条 / 5cm，大身纵密＝ 70 横列 /5cm。为了方便后面的编织工艺计算，这里我们进一步算出 1 cm 宽度（水平量取）和长度（垂直量取）范围内所具有的线圈条数和转数，即大身横密＝ 7.5 条 /cm，大身纵密＝ 7 转 /cm。

（三）袖成品密度确定

由于袖片的幅宽比衣身小，同等条件下承受的牵拉力较大，因此在编织袖片时，一般将袖成品横密调整成比大身成品横密大 1% 至 5%，这里取 3%，则袖横密＝ 7.72 条 /cm。袖成品纵密调整成比大身成品纵密小 2% 至 8%，这里取 5%，则袖纵密＝ 6.65 转 /cm。

（四）袖口、下摆圆筒密度

圆筒纵密 =7 转 /cm（圆筒起针数由衣身针数决定）。

（五）领、袖山顶罗纹密度

领条、袖山顶条采用 1 ＋ 1 罗纹组织，测定领罗纹横密＝ 4.75 条 /cm，纵密＝ 6.85 转 /cm。

七、设计编织工艺

圆领露肩平袖收摆女套衫编织工艺设计流程：后片编织工艺设计→前片编织工艺设计→袖片编织工艺设计→附件编织工艺设计。

（一）后片编织工艺设计

横向尺寸的针数设计：后胸宽针数设计→后摆宽针数→后背宽针数设计→后肩宽针数设计→后领宽针数设计。

纵向尺寸的转数设计：后衣长转数设计→后身下摆圆筒转数设计→后身挂肩转数设计→后身挂肩收针转数设计→后身挂肩收针分配方案设计→后身挂肩平摇转数设计→后身挂肩装袖记号点的位置设计→后身挂肩放针转数设计→后身挂肩放针分配方案设计→后肩收针转数设计→后肩收针分配方案设计→后身挂肩下转数设计→后身挂肩下平摇转数设计→后身挂肩下放针转数设计→后身挂肩下放针分配方案设计。

1. 横向尺寸的针数设计

（1）后胸宽针数＝胸宽尺寸 × 大身横密＋两边缝耗针数＝ 41×7.5×2 ＋ 4×2 ＝ 623（针），取 624 针。

（2）后摆宽针数＝摆宽尺寸 × 大身横密＋两

边缝耗针数 = 37×7.5×2 + 4×2 = 563（针），取 564（针）。

（3）后背宽针数＝后背宽尺寸 × 大身横密＋两边缝耗针数 = 33.5×7.5×2 + 4×2 = 510.5（针），取 510 针。

（4）后肩宽针数＝肩宽尺寸 × 大身横密 × 牵拉预收修正值 = 36×97%×7.5×2 = 523.8（针），取 524 针。

设计说明：因为本例产品是长短袖露肩设计，这意味着产品在使用过程中袖子对肩部和领部的牵拉力较小。另外本例产品是添加弹性丝编织的，弹性好，所以在设计肩宽时要预收少些，这里取修正值为 97%。

（5）后领宽针数＝领宽尺寸 × 大身横密－两边缝耗针数＝ 18.5×7.5×2 － 4×2 = 269.5(针)，取 270 针。

2. 纵向长度的转数设计

（1）后衣长转数＝（衣长尺寸－下摆圆筒高－ 1/2 前后衣长差）× 大身纵密＋缝耗转数＝(52 － 2 － 1)×7 + 2 = 345（转），取 345 转。

（2）后身下摆圆筒转数＝下摆圆筒高 × 圆筒纵密＝ 2×7 = 14（转），取 14 转。

（3）后身挂肩转数＝（挂肩高度－ 1/2 前后衣长差）× 大身纵密 = $[\sqrt{袖挂肩^2/（袖肥-袖山顶宽^2/2^2）}- 2\div2]\times$ 大身纵密＝ $[\sqrt{7^2-5^2/2^2}-1]\times7 = 110.71$(转)，取 110 转。

（4）后身挂肩收针转数＝后身挂肩收针高度 × 大身纵密＝ 4.5×7 = 31.5（转），取 32 转。

设计说明：由于本例产品为露肩袖设计，袖山高度被截短，袖山收针长度随之变短，与之相对应的大身挂肩的收针长度自然也要变短，所以这里的挂肩收针长度取值较小，为 4.5cm。

（5）后身挂肩收针分配如下：

每边收针针数＝（后胸宽针数－后背宽针数）÷2 =（624 － 510）÷2 = 57（针）。

每边平收针数＝平收尺寸（取 1.5cm）× 大身横密＋缝耗＝ 1.5×7.5×2 + 4 = 26.5（针），取 27 针，其余每边每次收 1 针，后收。

收针次数＝（57 － 27）÷1 = 30（次）。

收针转数＝ 32 转。

每次收针转数＝ 32÷30 = 1.07（转）。由于 1.07 转不是整数，也不是半转的整数倍，所以在操作过程中无法实现，需要分段收针。因为 1 转 ＜ 1.07 转＜ 2 转，故每次收针转数可分为 2 段进行，即一段为每 2 转收 1 次针，另一段为每 1 转收 1 次针。

收针方案设计与计算：设每 1 转收 1 次针，收 x 次；每 2 转收 1 次针，收 y 次。列出方程式：

$$\begin{cases} x + y = 30 \\ x + 2y = 32 \end{cases}$$

解得：x = 28， y = 2

挂肩收针先急后缓，依据这一原则，得出挂肩收针的分配方案为：

$$\begin{cases} 2\text{转}—1\text{针}\times2\text{次} \\ 1\text{转}—1\text{针}\times28\text{次} \\ \text{平收}27\text{针} \end{cases}$$

简写为 →

$$\begin{cases} 2—1\times2 \\ 1—1\times28 \\ \text{平}27\text{针} \end{cases}$$

检验分配方案：收针针数＝ 1×28 + 1×2 + 27 = 57（针），正确；收针转数＝ 2×2 + 1×28

＝32（转），正确；收针次数＝2＋28＝30（次），正确。

（6）后身挂肩平摇转数＝后身挂肩平摇高度×大身纵密＝4×7＝28（转），取28转。

设计说明：为了让后片袖窿线形成良好的弧度，需要在挂肩处做劈势设计，所以挂肩平摇高度相应减少，这里取4cm。

（7）后身挂肩装袖记号点的位置设计如下：

后身挂肩装袖记号点以上转数＝后身挂肩转数－后身挂肩上装袖记号点以下转数＝后身挂肩转数－袖山高尺寸×大身纵密＝110－$\sqrt{袖挂肩^2/（袖肥—袖山顶宽^2/2^2）}$×大身纵密＝110－$\sqrt{8^2—(4.5/2)^2}$×7＝56.26（转），取56转。

（8）后身挂肩放针转数＝后身挂肩转数－后身挂肩收针转数－后身挂肩平摇转数＝110－32－28＝50（转），取50转。

（9）后身挂肩放针分配如下：

每边放针针数＝（后肩宽针数－后背宽针数）÷2＝（524－510）÷2＝7（针）。

放针转数＝56转，顶部平摇2转。

每边每次放1针，先放，放针次数＝7÷1＝7（次）。

每次放针的转数＝（56—2）÷（7－1）＝9（转），是整数，操作可以实现，所以后身挂肩放针分配的方案为：

$$\begin{cases}平摇2转\\9转+1针\times7次（先放）\end{cases}$$

检验分配方案：放针针数＝1×7＝7（针），正确；放针转数＝9×（7－1）＋2＝56（转），正确；放针次数＝7次，正确。

（10）后肩斜收针转数＝落肩尺寸×大身纵密＋缝耗转数＝3.5×7＋2＝26.5（转），取27转。

（11）后肩收针分配（铲针）如下：

每边收针针数（后肩宽针数－后领宽针数）÷2＝（524－270）÷2＝127（针）。

收针转数＝27（转），顶部平1（转）。

1转收1次，先收，收针次数＝（27－1）÷1＋1＝27（次）。

每次收针的针数＝127÷27＝4.7（针）。由于4.7针不是整数，也不是半转的整数倍，所以在操作过程中无法实现，需要分段收针。因为4针＜4.7针＜5针，故每次收针针数可分为2段进行，即一段为每次收4针，另一段为每次收5针。

收针方案设计与计算：设每次收4针，收x次；每次收5针，收y次。

列出方程式：

$$\begin{cases}x+y=27\\4x+5y=127\end{cases}$$

解得：x＝8，y＝19

根据先缓后急的原则，得出肩部收针的分配方案为：

$$\begin{cases}平摇1转\\1转—5针\times19次\\1转—4针\times8次（先收）\end{cases}$$

$\xrightarrow{简写为}$

$$\begin{cases}平1转\\1—5\times19\\1—4\times8（先收）\end{cases}$$

检验分配方案：收针针数＝5×19＋4×8

＝127（针），正确；收针转数＝1×19＋1×（8－1）＋1＝27（转），正确；收针次数＝19＋8＝27（次），正确。

（12）后身挂肩以下转数＝后衣长转数－后身挂肩转数－后肩斜收针转数＝345－110－27＝208（转）。

（13）后身挂肩下平摇转数＝挂肩下平摇高度×大身纵密＝3×7＝21（转），取22转。

注：结合款式特点，在挂肩下设计3cm平摇高度，便于胸宽尺寸量取。

（14）后身挂肩下放针转数＝后身挂肩以下转数－后身挂肩下平摇转数＝208－22＝186（转），取186转。

（15）后身挂肩下放针分配如下：

每边放针针数＝（后胸宽针数－后摆宽针数）÷2＝（624－564）÷2＝30（针）。

放针转数＝186转。

每边每次放1针，先放，无边，放针次数＝30÷1＝30（次）。

每次放针的转数＝186÷（30－1）＝6.41（转）。由于6.41转不是整数，所以在操作过程中无法实现，需要分段放针。因为6转＜6.41针＜7转，故每次放针针数可分为2段进行，即6转放1次针，另一段为7转放1次针。

放针方案设计与计算：设6转放1次针，放x次；7转放1次针，放y次。列出方程式：

$$\begin{cases} x + y = 30 - 1 \\ 6x + 7y = 186 \end{cases}$$

解得：x＝17，y＝12

根据先急后缓的原则，得出放针分配方案为：

$$\begin{cases} 7\text{转} + 1\text{针} \times 12\text{次} \\ =6\text{转} + 1\text{针} \times 18\text{次（先放）} \end{cases} \xrightarrow{\text{简写为}} \begin{cases} 7 + 1 \times 12 \\ 6 + 1 \times 18\text{（先放）} \end{cases}$$

检验分配方案：放针针数＝1×12＋1×18＝30（针），正确；放针转数＝7×12＋6×（18－1）＝186（转），正确；放针次数＝12＋18＝30（次），正确。

（二）前片编织工艺设计

横向宽度的针数设计：前胸宽针数设计→前摆宽针数设计→上胸宽针数设计→前肩宽针数设计→前领宽针数设计。

纵向长度的转数设计：前衣长转数设计→前身下摆圆筒转数设计→前身挂肩转数设计→前身挂肩收针转数设计→前身挂肩收针分配方案设计→前身挂肩平摇转数设计→前身挂肩装袖记号点的位置设计→前身挂肩放针转数设计→前身挂肩放针分配方案设计→前肩收针转数设计→前肩收针分配方案设计→前领深收针转数设计→开领点位置设计→前领收针分配方案设计→前身挂肩以下转数→前身挂肩下平摇转数设计→前身挂肩下放针转数设计→前身挂肩下放针分配方案设计。

1. 横向尺寸的针数设计

（1）前胸宽针数＝后胸宽针数＝624（针），取624针。

（2）前摆宽针数＝后摆宽针数＝564（针）。

（3）上胸宽针数＝上胸宽尺寸×大身横密＋两边缝耗针数＝32×7.5×2＋4×2＝488（针），取488针。

（4）前肩宽针数＝后肩宽针数＝524（针）。

（5）前领宽针数＝后领宽针数＝270（针）。

2. 纵向长度的转数设计

（1）前衣长转数＝（衣长尺寸－下摆圆筒高

＋1/2 前后衣长差）× 大身纵密＋缝耗转数＝(52－2＋1) ×7＋2＝359（转），取 359 转。

（2）前身下摆圆筒转数＝后身下摆圆筒转数＝14（转）。

（3）前身挂肩转数＝（挂肩高度＋1/2 前后衣长差）× 大身纵密＝$[\sqrt{袖挂肩^2/（袖肥—袖山顶宽^2/2^2)}+2÷2]×$ 大身纵密＝$[\sqrt{7^2—5^2/2^2}+1]×7$＝124.71（转），取 125 转。

（4）前身挂肩收针转数＝后身挂肩收针转数＝32 转。

（5）前身挂肩收针分配如下：

每边收针针数＝（前胸宽针数－上胸宽针数）÷2＝（624－488）÷2＝68（针）。

每边平收针数＝平收尺寸（取 1.5cm）× 大身横密＋缝耗＝1.5×7.5×2＋4＝26.5（针），取 28 针，其余每边每次收 2 针，后收。

收针次数＝（68－28）÷2＝20（次）。

收针转数＝32（转）。

每次收针转数＝32÷20＝1.6(转)。由于 1.6 转不是整数，也不是半转的整数倍，所以在操作过程中无法实现，需要分段收针。因为 1 转＜1.6 转＜2 转，故每次收针转数可分为 2 段进行，即一段为每 1 转收 1 次针，另一段为每 2 转收 1 次针。

收针方案设计与计算：设每 1 转收 1 次针，收 x 次；设每 2 转收 1 次针，收 y 次。列出方程式：

$$\begin{cases} x+y=20 \\ x+2y=32 \end{cases}$$

解得：x＝8，y＝12

挂肩收针先急后缓，依据这一原则，得出挂肩收针的分配方案为：

$$\begin{cases} 2\text{ 转—2 针}×12\text{ 次} \\ 1\text{ 转—2 针}×8\text{ 次} \\ \text{平收 27 针} \end{cases}$$

简写为 ⟶

$$\begin{cases} 2—1×12 \\ 1—1×8 \\ \text{平 27 针} \end{cases}$$

检验分配方案：收针针数＝2×12＋2×8＋28＝68（针），正确；收针转数＝2×12＋1×8＝32（转），正确；收针次数＝12＋8＝20（次），正确。

（6）前身挂肩平摇转数＝后身挂肩平摇转数＝28（转），取 28 转。

（7）前身挂肩装袖记号点位置设计如下：

前身挂肩装袖记号点以上转数＝前身挂肩转数－后身挂肩以上装袖记号点以下转数＝前身挂肩转数－（后身挂肩转数－后身挂肩装袖记号点以上转数）＝125－（110－56）＝71（转），取 71 转。

（8）前身挂肩放针转数＝前身挂肩转数－前身挂肩收针转数－前身挂肩平摇转数＝125－32－28＝65（转），取 65 转。

（9）前身挂肩放针分配如下：

每边放针针数＝（前肩宽针数－上胸宽针数）÷2＝（524－488）÷2＝18（针）。

放针转数＝65（转），顶部平摇 2 转。

每边每次放 1 针，先放，放针次数＝18÷1＝18（次）。

每次放针的转数＝（65－2）÷（18－1）＝3.71（转）。由于 3.71 转不是整数，也不是半转的整数倍，所以在操作过程中无法实现，需要分段收针。因为 3 转＜ 3.71 转＜ 4 转，故每次收针转数可分为 2 段进行，即一段为每 3 转收 1 次针，另一段为每 4 转收 1 次针。

收针方案设计与计算：设每 3 转收 1 次针，收 x 次；设每 4 转收 1 次针，收 y 次。列出方程式：

$$\begin{cases} x + y = 18 - 1 \\ 3x + 4y = 65 - 2 \end{cases}$$

解得：$x = 5$，$y = 12$

挂肩收针先急后缓，依据这一原则，得出挂肩收针的分配方案为：

{ 平摇 2 转
4 转＋ 1 针 ×12 次
3 转＋ 1 针 ×6 次（先放）

简写为 →

{ 平 2 转
2 ＋ 1×12
3 ＋ 1×6（先放）

检验分配方案：放针针数＝ 12×1 ＋ 6×1 ＝ 18（针），正确；收针转数＝ 3×（6 － 1）＋ 12×4 ＋ 2 ＝ 65（转），正确；收针次数＝ 12 ＋ 6 ＝ 18（次），正确。

（10）前肩斜收针转数＝后肩斜收针转数＝ 27（转）。

（11）前肩收针分配方案同后肩收针分配方案如下：

根据先缓后急的原则，得出前肩收针的分配方案为：

{ 平摇 1 转
1 转—5 针 ×19 次
1 转—4 针 ×8 次（先收）

简写为 →

{ 平 1 转
1—5×19
1—4×8（先收）

（12）前领深转数＝（前领深尺寸＋ 1/2× 前后衣长差）× 大身纵密＝（10 ＋ 1）×7 ＝ 77（转），取 77 转。

（13）开领点位置＝前衣长转数－前领深转数＝ 359 － 77 ＝ 282（转）。

（14）前领深收针分配如下：

领底平收针数：本产品的领深尺寸与领宽尺寸的一半相近，在这种情况下，领底平收尺寸可取近似领宽尺寸的三分之一，即领底平收尺寸＝ 1/3 领宽尺寸－修正值（取领深尺寸与半领宽尺寸之差的一半，为 0.5cm），进而得出领底平收针数＝ 1/3 领宽针数－ 0.5×7.5×2 ＝ 1/3×270 － 7.5 ＝ 82.5(针)，取 82 针，中留 82 针分开织领。

每边收针针数＝（领宽针数－领底平收针数）÷2 ＝（270 － 82）÷2 ＝ 94（针）。

每边每次收 2 针，收针次数＝ 94÷2 ＝ 47（次）。

顶部平摇转数设计：顶部平摇转数＝平摇高度 × 大身纵密＝ 1/5 前领深尺寸 × 大身纵密＝ 1/5×10×7 ＝ 14（转）。

剩余收针转数＝总收针转数－顶部平摇转数＝ 77 － 14 ＝ 63（转）。

每次收针转数＝ 63÷47 ＝ 1.34（转）。由于

1.34 转不是整数，也不是半转的整数倍，所以在操作过程中无法实现，需要分段收针。因为 1 转 < 1.34 转 < 2 转，故每次收针转数可分为 2 段进行，即一段为每 1 转收 1 次针，另一段为每 2 转收 1 次针。

收针方案设计与计算：设 1 转收 1 次针，收 x 次；设 2 转收 1 次针，收 y 次。

列出方程式：

$$\begin{cases} x + y = 47 \\ x + 2y = 63 \end{cases}$$

解得：x = 31，y = 16

领部收针先急后缓，依据这一原则，得出领部收针的分配方案为：

$$\begin{cases} \text{平摇 14 转} \\ \text{2 转—2 针} \times 16 \text{ 次} \\ \text{1 转—2 针} \times 31 \text{ 次} \end{cases}$$

$$\xrightarrow{\text{简写为}}$$

$$\begin{cases} \text{平 14 转} \\ 2—2\times16 \\ 1—2\times31 \end{cases}$$

检验分配方案：收针针数 = 2×16 + 2×31 = 94（针），正确；收针转数 = 2×16 + 1×31 + 14 = 77（转），正确；收针次数 = 16 + 31 = 47（次），正确。

（15）前身挂肩以下转数 = 后身挂肩以下转数 = 208（转）。

（16）前身挂肩下平摇转数 = 后身挂肩下平摇转数 = 22（转）。

（17）前身挂肩下放针转数 = 后身挂肩下放针转数 = 186（转）。

（18）前身挂肩下放针分配方案同后身挂肩下放针分配方案。

根据先急后缓的原则，得出前身挂肩下放针分配方案为：

$$\begin{cases} \text{7 转 + 1 针} \times 12 \text{ 次} \\ \text{6 转 + 1 针} \times 18 \text{ 次（先放）} \end{cases}$$

$$\xrightarrow{\text{简写为}}$$

$$\begin{cases} 7 + 1\times12 \\ 6 + 1\times18\text{（先放）} \end{cases}$$

（三）袖片编织工艺设计

横向宽度的针数设计：袖宽针数设计→袖口针数设计→袖山顶针数设计。

纵向长度的转数设计：袖长转数设计→袖口圆筒转数设计→袖山收针转数设计→袖山收针分配方案设计→袖宽平摇转数设计→袖身放针转数设计→袖身放针分配方案设计。

1. 横向宽度的针数设计

（1）袖宽针数 = 袖肥尺寸 ×2× 袖横密 + 两边缝耗针数 = 12×2×7.72×2 + 4×2 = 378.56（针），取 379 针。

（2）袖口针数 = 袖口尺寸 ×2× 袖横密 + 缝耗针数 = 10.5×2×7.72×2 + 4×2 = 332.24（针），取 333 针。

（3）袖山顶针数 = 袖山顶宽 × 袖横密 + 缝耗针数 = 7.5×2×7.72×2 + 4×2 = 239.6（针），取 239 针。

2. 纵向长度的转数设计

（1）袖长转数 =（袖长尺寸 − 袖口圆筒高）

× 袖身纵密＋缝耗转数 ＝（21 － 1）×6.65 ＋ 2 ＝ 135（转），取 135 转。

（2）袖口圆筒转数＝袖口圆筒高 × 圆筒纵密 ＝ 1×7 ＝ 7（转），取 7 转。

（3）袖山收针转数＝袖山高度 × 袖纵密

$=\sqrt{\text{袖挂肩}^2/（\text{袖肥—袖山顶宽}^2/2^2）}\times 6.65$ 转

$=\sqrt{8^2-(4.5/2)^2}\times 6.65=51.05$（转），取 51 转。

（4）袖山收针分配如下：

每边收针针数＝（袖宽针数－袖山顶针数）÷2 ＝（379 － 239）÷2 ＝ 70（针）。

每边平收针数＝平收尺寸（取 1.5cm）× 袖横密＋缝耗＝ 1.5×7.72×2 ＋ 4 ＝ 27.16（针），取 27 针，每边剩余收针数＝ 70 － 27 ＝ 43（针）。

其余每边每次收 1 针，收针次数＝ 43÷1 ＝ 43（次）。

袖山平摇转数＝袖山平摇高度 × 袖纵密＝ 2.5×6.65 ＝ 16.63（转），取 17 转。

剩余收针转数＝袖山收针转数－袖山平摇转数＝ 51 － 17 ＝ 34（转）。

每次收针转数＝ 34 ÷43 ＝ 0.79（转）。由于 0.79 转不是整数，也不是半转的整数倍，所以在操作过程中无法实现，需要分段收针。因为 0.5 转＜ 0.79 转＜ 1 转，故每次收针转数可分为 2 段进行，即一段为每 0.5 转收 1 次针，另一段为每 1 转收 1 次针。

收针方案设计与计算：设每 0.5 转收 1 次针，收 x 次；每 1 转收 1 次针，收 y 次。列出如下方程式：

$$\begin{cases} x+y=43 \\ 0.5x+y=34 \end{cases}$$

解得：$x=18$，$y=25$

袖山收针先急后缓，依据这一原则，得出袖山收针的分配方案为：

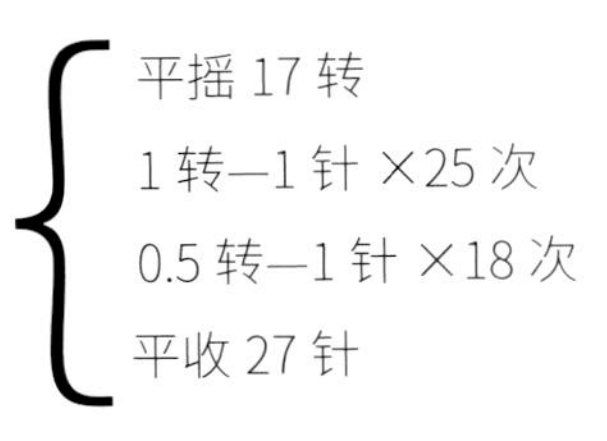

简写为 →

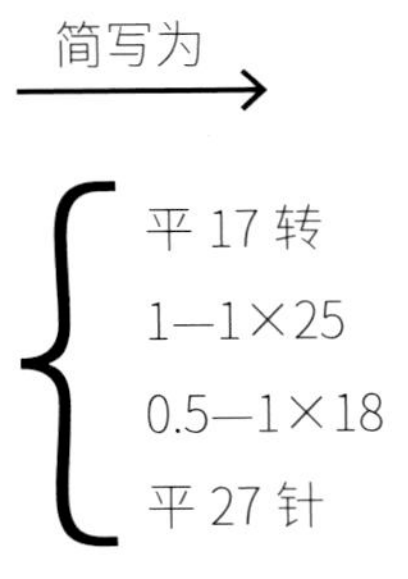

检验分配方案：收针针数＝ 1×25 ＋ 1×18 ＋ 27 ＝ 70（针），正确；收针转数＝ 1×25 ＋ 0.5×18 ＋ 17 ＝ 51（转），正确；收针次数＝ 18 ＋ 25 ＝ 43（次），正确。

（5）袖宽平摇转数＝平摇尺寸 × 袖身纵密 ＝ 1.5×6.65 ＝ 9.975（转），取 10 转。

（6）袖子放针转数＝袖长总转数－袖山收针转数－袖肥平摇转数＝ 135 － 51 － 10 ＝ 74（转）。

（7）袖身放针分配如下：

每边放针针数＝（袖宽针数－袖口针数）÷2 ＝（379 － 333）÷2 ＝ 23（针）。

每边每次放 1 针，放针次数＝ 23÷1 ＝ 23（次），先放。

放针转数＝ 74（转）。

每次放针转数＝ 74÷（23 － 1）＝ 3.36（转）。由于 3.36 转不是整数，也不是半转的整数倍，所以在操作过程中无法实现，需要分段放针。因为 3 转＜ 3.36 转＜ 4 转，故每次放针转数可分 2 段进行，即一段为每 3 转放 1 次针，另一段为每 4 转放 1 次针。

放针方案设计与计算：设每 3 转放 1 次针，收 x 次；设每 4 转放 1 次针，放 y 次。列出方程式：

$$\begin{cases} x + y = 23 - 1 \\ 3x + 4y = 74 \end{cases}$$

解得：x = 14，y = 8

依据先急后缓的原则，得出袖放针的分配方案为：

$$\begin{cases} 4\text{转} + 1\text{针} \times 8\text{次} \\ 3\text{转} + 1\text{针} \times 15\text{次（先放）} \end{cases}$$

$$\xrightarrow{\text{简写为}}$$

$$\begin{cases} 4 + 1 \times 8 \\ 3 + 1 \times 15\text{（先放）} \end{cases}$$

检验分配方案：收针针数＝1×8 + 1×14 + 1×1 = 23（针），正确；收针转数＝4×8 + 3×14 + 1×0 = 74（转），正确；收针次数＝1 + 14 + 8 = 23（次），正确。

（四）附件编织工艺设计

1. 领条编织工艺设计

（1）领罗纹的开针数＝领长 × 领横密＋缝耗 =（领宽＋ 3.14× 半领宽）× 领横密＋ 4 =（18.5 + 3.14×9）×4.75×2 + 4 = 448.22（针），取 448 针。

注：本例领深与半领宽接近，可应用圆周长的计算方法进行领长的计算。

（2）领罗纹转数＝领罗纹高 × 领纵密－起口圆筒转数－顶部圆筒转数＝ 3.2×6.85 － 1.5 － 0.5×6.85 ＝ 17.00（转），取 17 转。

设计说明：本例装领采用圆筒夹边设计，即用领部的圆筒夹住大身的领口进行缝合，本例领部圆筒高度设计为 0.5cm。

（3）挑空做记号：领子接头位置设计在左肩后 2cm 处。（图 3-2-4）

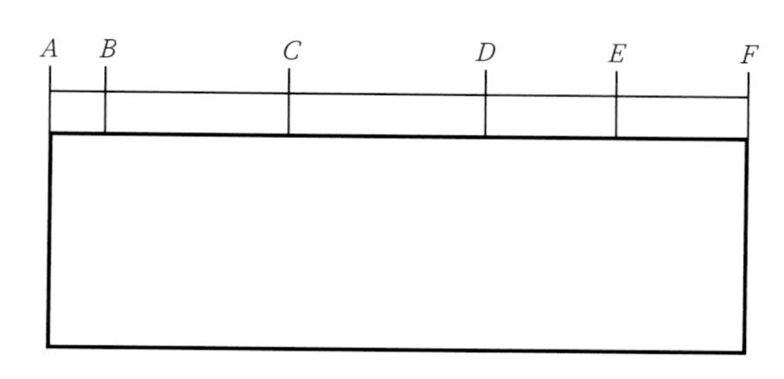

图 3-2-4 领子套缝记号点的位置设计

AB 段针数＝ 2×4.75×2 = 19（针），取 19 针。

BC 段针数 ＝ *CD* 段针数 ＝ 半圆周长 ÷2×4.75×2 ＝ 3.14×9÷2×4.75×2 ＝ 134.24（针），取 134 针。

DE 段针数＝ 18÷2×4.75×2 = 85.5（针），取 85 针。

EF 段针数＝领长针数－ *AE* 段针数＝ 448 － 19 － 134×2 － 85 = 76（针），取 76 针。

2. 袖山顶贴罗纹编织工艺设计

（1）袖山顶贴罗纹针数＝袖山顶宽 ×2× 罗纹横密＋缝耗针数＝ 7.5×2×4.75×2 + 4 = 146.5（针），取 147 针。

（2）袖山顶贴罗纹转数＝罗纹高 × 罗纹纵密－起口圆筒转数－顶部圆筒转数＝ 1.5×6.85 － 1.5 － 0.5×6.85 = 5.35（转），取 6 转。

八、编织工艺单制作

（一）设计工艺单（表 3-2-2）

表 3-2-2 成形针织服装编织工艺单

货名		原料		样板类型	
货名		机号		尺码	编织工艺图
完成尺寸（cm）					
完成重量 (g)					

（二）绘制编织工艺图

运用 CorelDRAW 软件绘制衣片结构图。（图 3-2-5）

运用 CorelDRAW 软件在结构图中填写“编织工艺式子”。（图 3-2-5）

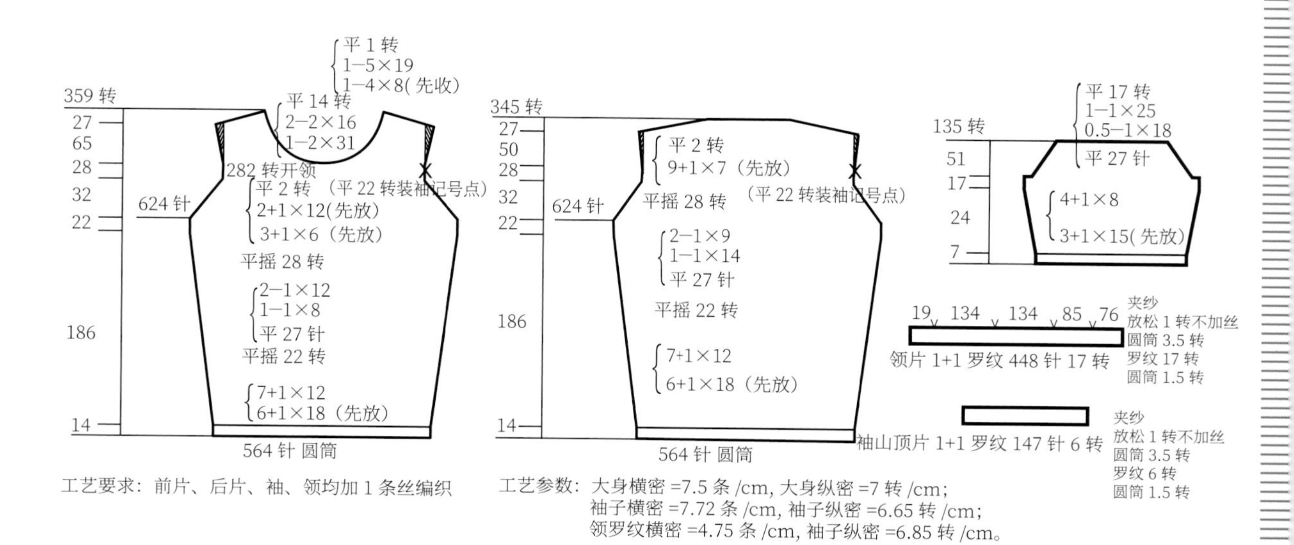

图 3-2-5　衣片结构图绘制和编织工艺式子填写

（三）填写工艺单（表 3-2-3）

表 3-2-3　时尚女套衫编织工艺单

<table>
<tr><th>货名</th><th>圆领露肩平袖收摆女套衫</th><th>原料</th><th>37.8tex 的粘纤与锦纶混纺纱（粘纤 63%、锦纶 37%）</th><th>样板类型</th><th>初样</th></tr>
<tr><th>货号</th><th>企业自定</th><th>机号</th><th>16 针</th><th>尺码</th><th>S</th></tr>
<tr><td colspan="2">完成尺寸 (cm)</td><td colspan="4">编织工艺图</td></tr>
<tr><td>胸宽</td><td>41</td><td colspan="4" rowspan="19"></td></tr>
<tr><td>腰宽</td><td>32</td></tr>
<tr><td>后背宽</td><td>33.5</td></tr>
<tr><td>肩宽</td><td>36</td></tr>
<tr><td>领宽</td><td>18.5</td></tr>
<tr><td>下摆宽</td><td>37</td></tr>
<tr><td>衣长</td><td>52</td></tr>
<tr><td>身 / 袖挂肩</td><td>17/8</td></tr>
<tr><td>前领深</td><td>10</td></tr>
<tr><td>袖长</td><td>21</td></tr>
<tr><td>袖口宽</td><td>10.5</td></tr>
<tr><td>袖肥</td><td>12</td></tr>
<tr><td>袖山顶宽</td><td>7.5</td></tr>
<tr><td>领边宽</td><td>3.2</td></tr>
<tr><td>袖 / 下摆圆筒</td><td>1.5/2</td></tr>
<tr><td colspan="2">完成重量 (g)</td></tr>
<tr><td>前片</td><td></td></tr>
<tr><td>后片</td><td></td></tr>
<tr><td>袖片 / 领片</td><td></td></tr>
</table>

【课外练习】

一、作业内容

按照给定款式和规格尺寸进行毛衫编织工艺设计练习（图 3-2-6、表 3-2-4）。

二、作业要求

（1）分组练习，每组 2 人。

（2）工艺要求与工艺参数参照任务二。

（3）根据款式图绘制出衣片结构图。

（4）完成整件毛衫的编织工艺设计，并制成工艺单。

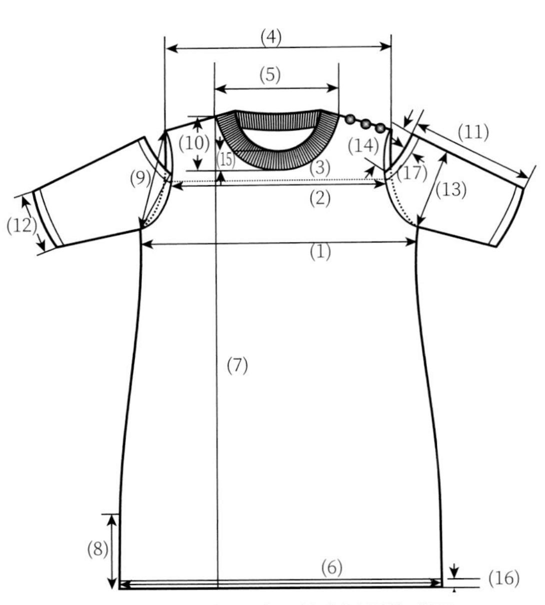

图 3-2-6　圆领露肩平袖套衫裙款式图

【项目小结】

本项目主要学习成形针织服装编织工艺设计的方法，并运用所学方法进行不同款式成形针织服装的编织工艺设计训练，做到学以致用。通过项目前期的成形针织服装编织工艺设计解读，同学们了解了成形针织服装编织工艺设计在成形针织服装设计中的重要性，掌握了成形针织服装编织工艺设计的概念、方法，熟悉典型成形针织服装的编织工艺设计过程；在项目后期，同学们能运用所学的知识和技能，完成一款圆领、露肩、短袖成形针织时装的编织工艺设计工作，并以编织工艺单的形式呈现出来，形成项目成果。

表 3-2-4　圆领露肩平袖套衫裙规格尺寸表

序号	部位	尺寸 (cm)	序号	部位	尺寸 (cm)
(1)	胸宽	37	(10)	前领深	10
(2)	上胸宽	28	(11)	袖长	21
(3)	后背宽	30	(12)	袖口宽	10.5
(4)	肩宽	32	(13)	袖肥	12
(5)	领宽	18	(14)	袖山顶宽	7.5
(6)	下摆宽	47	(15)	领边宽	3.2
(7)	衣长	86	(16)	下摆、袖口圆筒高度	1
(8)	下摆平摇高	21			
(9)	身 / 袖挂肩	17/8	(17)	袖山顶罗纹	1.5

（注：领子为 1+1 罗纹，袖口、下摆、袖山顶为圆筒）

项目四　成形针织服装制作

【项目介绍】

本项目主要包含两个任务：第一，了解针织横机的机械组成，掌握其编织原理和实操方法，并能利用横机完成纬平针组织和罗纹组织的编织；第二，以一款 V 领毛衫生产为例，演示针织毛衫生产前的准备过程、编织过程、缝合过程及其后整理工艺。

【知识目标】

- 了解针织横机的编织要求
- 掌握手摇横机的附件、工具及工作原理
- 掌握纬编基础组织的编织步骤
- 掌握成形针织生产的过程内容
- 了解毛衫后整理工艺及其作用

【能力目标】

- 具备手摇横机基本操作的能力
- 能进行不同组织的编织操作
- 能分析基础组织编织操作的差异
- 能进行基础组织编织过程参数及操作的调节
- 具备针织毛衫编织操作的能力
- 具备针织毛衫衣片缝合操作的能力
- 能处理简单的针织毛衫质量问题

任务一　成形针织服装制作认知

【提出任务】

本次任务要求学生了解纬编成形针织服装生产的相关知识，掌握针织横机的编织过程及操作要求，能熟练利用手摇横机进行常用组织织物的编织工作。

【相关知识】

一、纬编针织生产过程

纬编针织生产中原料经过络纱以后便可把筒子纱直接上机进行生产。每根纱线沿纬向顺序地垫放在纬编针织机的各支织针上，以形成纬编织物。纬编针织企业生产主要流程如下：

纱线原料进厂→纱线检验→织前准备（络纱）→横机织造→衣片检验→成衣套缝（手工、机械缝合）→洗水（缩绒、染色）→熨烫定型→成品检验→包装→入库。

二、纬编针织前期准备

纬编针织前期准备是为了保证生产的顺利开展和实施，主要为原料准备。

针织用纱为针织物所用纱线。纱线质量要求较高，要求纱线的粗细均匀，柔软性能要好，要有一定的强度、延伸性、捻度。毛纱原料进厂入库后，由测试化验部门及时抽取试样，对纱支的标定线密度、条干均匀度等项目进行检验，符合要求方能投产使用。原料的线密度数偏差、条干均匀度、回潮率和色牢度，这些直接影响产品的质量。因此，对原料进行检验，发现问题，可及时修订工艺，采取技术措施防止影响成品的质量。（图 4-1-1）

（一）针织用纱生产要求

针织用纱前期处理过程同样重要。针织厂的纱线一般有绞纱和筒子纱两种卷装形式。绞纱不能直接用于针织机上，需要先卷绕在筒管上形成筒子纱才能上机编织，而筒子纱有些可直接上机编织，有些需要重新卷绕后方能上机编织。（图 4-1-2）

纱线的强度是针织用纱的重要品质指标。在准备和织造的过程中需要经受一定的张力和反复的载荷作用，所以用纱必须有一定的强度。

针织用纱的柔软度比机织用纱的要求高，因为柔软度高的纱线易于弯曲和扭转，可使成品外观清晰美观，同时减少织造过程中的损伤。

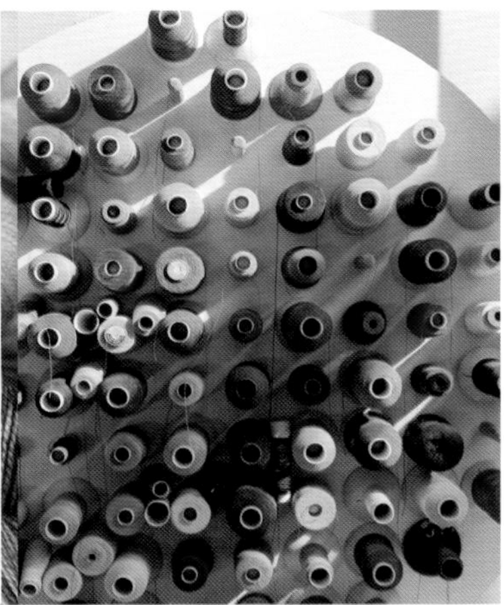

图 4-1-1 针织用纱（绞纱、管纱）

图 4-1-2 针织络纱车间

针织用纱捻度比机织低，捻度过大的纱线会影响弹性，使线圈弯曲，造成织疵。正确选择捻度很重要。

（二）针织络纱

络纱是指将管纱、绞纱等重新卷绕成各种形式筒子的工艺过程。络纱时给纱线以适当的张力，使筒子成形良好，便于退解同时还能去除纱线上的各种疵点。针织用纱卷绕处理多采用交叉卷绕结构（图 4-1-3）。

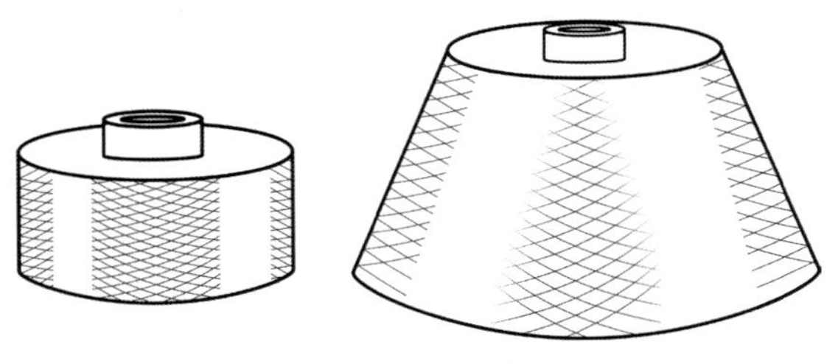

图 4-1-3 交叉卷绕

交叉卷绕为筒子上纱圈螺旋线升角较大的卷绕。这种卷绕方式所构成的纱圈在筒子表面上的稳定性较好，所以可采用无边盘筒管，做成无边筒子。交叉卷绕时如配以小的络纱张力，便能卷绕成密度较小的松软筒子，供直接染色用。

1. 络纱的目的

（1）使纱线卷绕成一定形式和一定容量的卷装，以满足编织时纱线退绕的要求。

（2）清除纱线的各种杂质和疵点，以提高针织机的生产效率和改善产品质量。

（3）辅助处理，如上蜡、上油、上柔软剂、上抗静电剂，改善纱线的编织性能。

2. 络纱的要求

（1）络纱应尽量保持纱线原有的物理机械性能，如纱线的强力、弹性、延伸性等。

（2）络纱张力要均匀适度，以保持恒定的卷绕条件和良好的筒子结构。

（3）络纱的卷装应便于存储运输，并要便于编织时纱线的退绕。

（4）尽量加大筒子的卷装容量，以减少引织生产时换筒的次数。大卷装既能减轻工人的劳动强度，又能提高机器的生产率。

三、针织横机

针织横机简称横机，属于针织机械的一种，即采用横向编织针床进行编织的机器。针织横机按照其发展历程有手摇横机、电动横机、电脑加针横机、电脑横机（电脑织领机、单系统电脑横机、双系统电脑横机等），业内所说的针织横机通常是指针织手摇横机。

针织横机主机由针床、机头和机针组成，通过机头在针床上的往返运动，机头内的三角系统作用于机针，使得安装于针床针槽内的针织规律地做升降运动，同时通过附件控制机针针钩的开合、纱线的喂入，完成纱线在针织机上垫纱、成圈、退圈等编织过程。一般横机成圈过程可分为十个成圈阶段，即退圈、垫纱、带纱、闭口、套圈、连圈、脱圈、弯纱、成圈、牵拉。

横机编织是各个部件工具相互协调的工作过

程，熟练掌握各类基础操作中部件工具的调节过程是掌握横机操作的基础。这里介绍一些常见工具的常用称呼，亦为统一后面操作讲解部分的叫法。（图 4-1-4 至图 4-1-9）

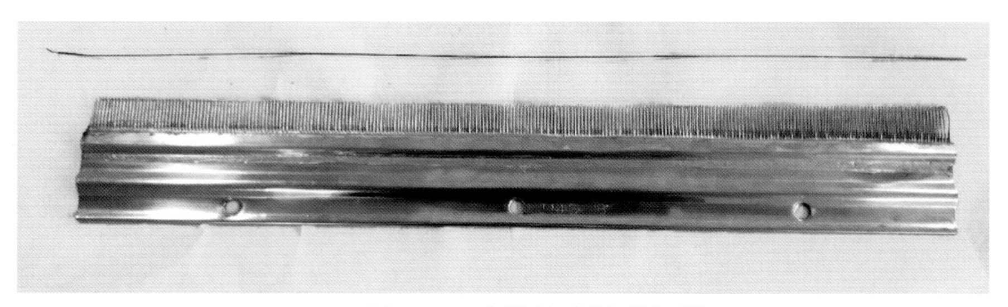

图 4-1-4　穿针梳（带穿线钢丝）

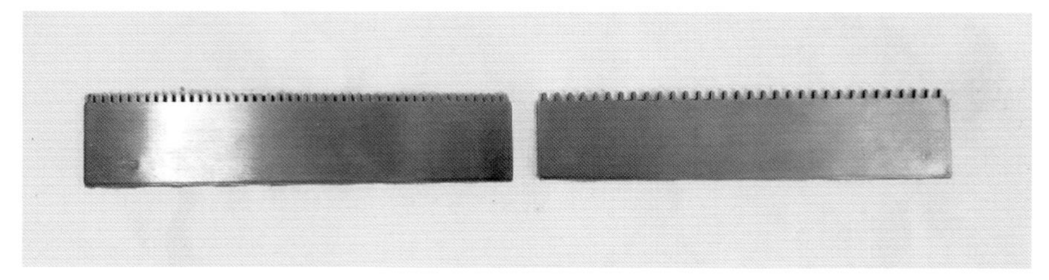

图 4-1-5　1+1 选针板和 2+1 选针板

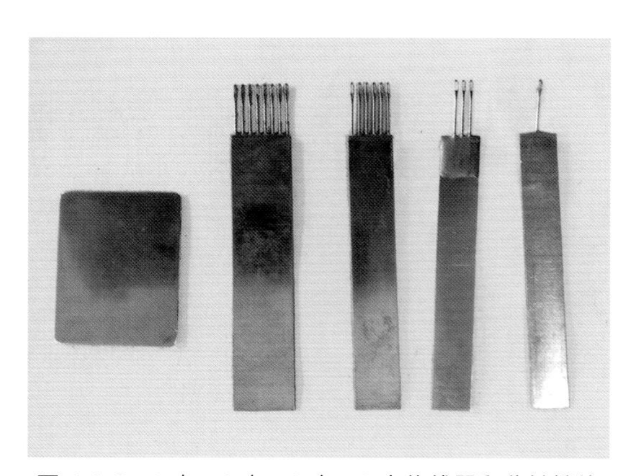

图 4-1-6　1 支、3 支、6 支、8 支传线器和收针拨片

图 4-1-7　边锤和重锤

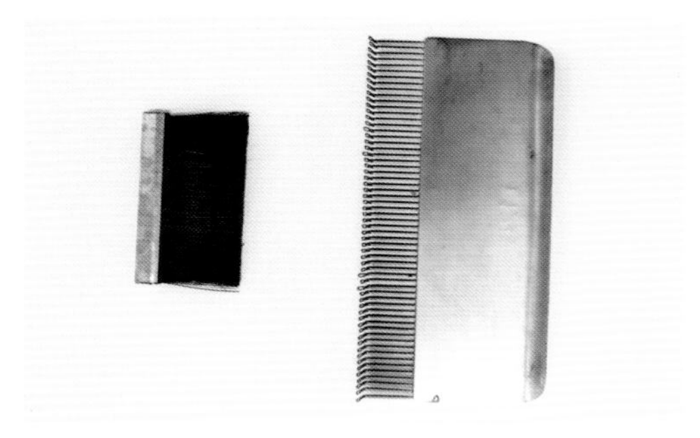

图 4-1-8　翻针板和毛刷

图 4-1-9　领梳

（一）穿针梳（定幅梳栉）

悬挂于编织片下方，方便编织时挂重锤加大牵拉力的工具。

（二）选针板（开针板）

编织之前进行选针、排针的工具。

（三）传线器（字扒）

编织过程当中手工进行加针、收针等操作的工具，是毛衫编织中常用的工具之一。

（四）重锤

悬挂于穿针梳下方，加大向下牵引力的工具。

（五）翻针板

编织过程中将双面织物线圈翻到单个针床，变单面针织物编织的工具。

（六）领梳

编织过程中固定一边衣幅，编织另一边衣幅的工具，常用于开领编织。

四、缝盘机

缝盘机亦称圆盘缝合机，俗称套口车，使用缝线缝合毛衣套口的机器。（图 4-1-10）缝盘机可以高效、快速地完成毛衣衣片缝合工作，比手工缝合的效率高很多。

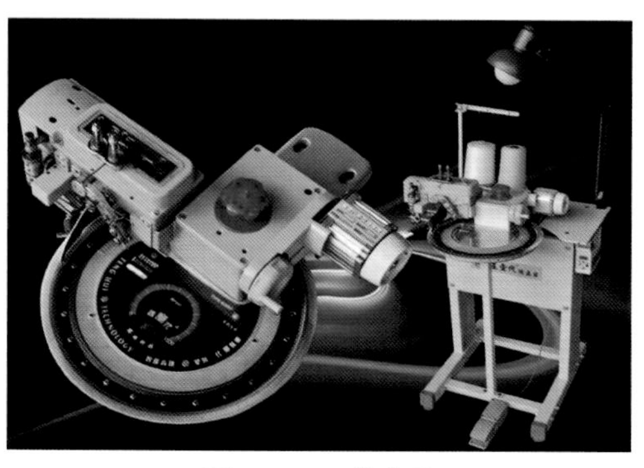

图 4-1-10　缝盘机

毛衫衣片可由针织横机编织而成，但无论是何种方法织成的衣片，必须经过缝合这道工序才能够形成具有穿着价值的毛衫，这一工艺过程也叫成衣，即指将羊毛衫的前身、后身、袖子、领子、门襟等各个分离的衣片及附料用缝线连接成羊毛衫的过程。缝合质量的好坏，不仅影响着羊毛衫的质量、穿着性能，而且对体现产品的款式特点和外观造型起着重要的作用。（图 4-1-11）

羊毛衫套口在缝盘机上进行，缝盘机的机号应和羊毛衫编织机的机号相匹配，在选用缝盘机机号时，可参考表 4-1-1。

图 4-1-11　缝盘机穿线顺序

表 4-1-1　缝盘机规格选择

横机规格（GG）	缝盘机型号（GG）
3、4	6—8
5	10—12
7、9	10—12
11	12—14
12	14—16
14 以上	16—18
16—18	18—20

【实施任务】

一、槽筒式络纱机操作

槽筒式络纱机属于交叉卷绕络纱机，筒子的回转依靠槽筒表面的摩擦传动来实现。主要用于棉毛及混纺纱的络纱，是针织企业常见的络纱机械。（图 4-1-12 至图 4-1-14）槽筒式络纱机的主要机械机构如下：

卷绕机构：使筒子回转以卷绕纱线。

导纱机构：引导纱线有规律地复布于筒子表面。

张力装置：给纱线一定张力。

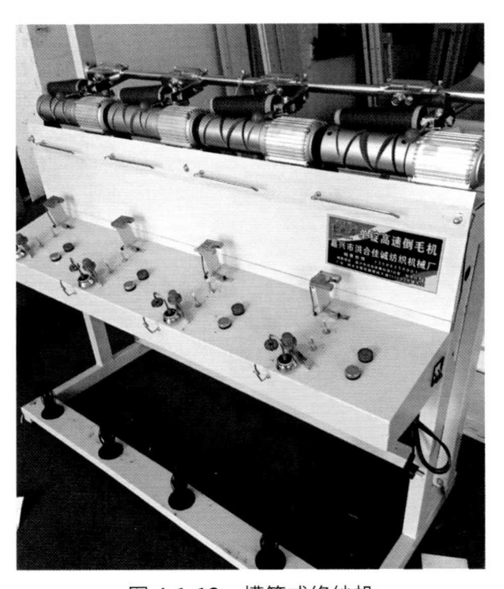

图 4-1-12 槽筒式络纱机

图 4-1-13 络纱机用蜡块

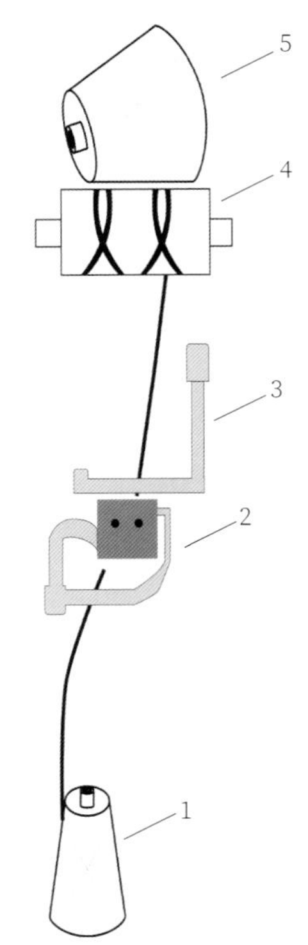

图 4-1-14 络纱机工作原理

清纱装置：检查纱线的粗细，清除附在纱线上的杂质疵点。

防叠装置：使层与层之间的纱线产生移位，防止纱线的重叠。

辅助处理装置：可对纱线进行上蜡和上油等处理。

二、横机操作

横机编织需要通过不同的操作完成整个编织过程，基础组织的编织通过基础操作就可以完成编织。

（一）穿纱（图 4-1-15）

普通针织横机消极式喂纱方式需要引线架、张力器、导梭变换器、梭箱导轨、导纱器、导纱器的限制器、毛刷等的相互配合才能完成给纱工作，因此正确的穿纱过程及部件调节是编织成功

图 4-1-15　穿线

的关键。

第一步：将已打蜡并卷绕在锥形筒上的纱线垂直置于引线架下方。

第二步：引出纱线穿入第一个导纱孔中。

第三步：依次穿入第二个导纱孔、夹线器，夹线器在编织过程中需调节好压力。

第四步：纱线顺向穿过弹弓铁线，从第二个导纱孔引出引线架。

第五步：从纱线引至导纱器，穿过导纱孔和纱嘴，从纱嘴下方引出后从前后针床间隙引至针床下方固定。

（二）起口编织（图 4-1-16）

在普通手动横机上，采用罗纹空针，起口是典型的编织方法。

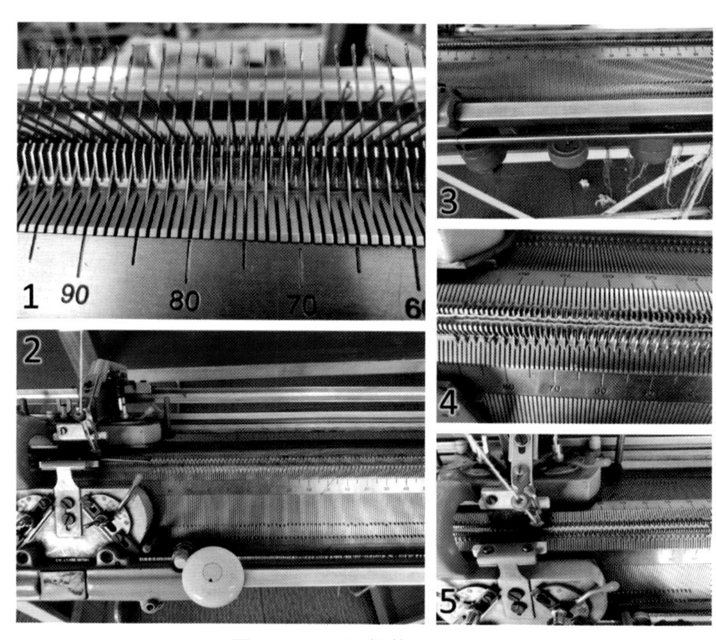

图 4-1-16　织物的起口顺序

第一步：使用选针板选择好所需要工作的机针，并调节针床（若需）。

第二步：推动穿纱的机头运行一行，此为起针行。

第三步：选用穿针梳，从前后针床间隙从下往上穿入编织纱线间，穿入针梳钢丝挂于纱线上，切勿顶脱纱线。

第四步：穿针梳下方挂上适重重锤，牵拉编织衣片。

第五步：调节编织三角，编织 1 至 1.5 行空转，并调回针床（若需）和编织三角，继续编织。

（三）翻针（图 4-1-17）

在编织横机产品时，经常采用双面的罗纹组织编织下摆，而用单面组织编织大身。此时，当编织完下摆之后，通常要将一个针床针上的线圈转移到另一个针床的针上。这一过程我们称之为翻针。手动横机翻针是用专门的移圈器或翻针器，用手工的方式将线圈进行转移。

第一步：针床调至针对齿状态。

第二步：使用选针板和翻针器配合，将前针床待翻线圈转至翻针器梳栉上。

第三步：将翻针器置于后针床针齿上，推上待接收机针，使得机针从翻针器梳栉间穿过。

第四步：将翻针器斜向拉入后针床针槽当中，并压紧，同时使用翻针板压下抬起的机针，使机针针钩钩住线圈，退出翻针器即完成翻针操作。

（四）成形

针织成形编织要求编织衣片需有宽窄变化，这就需要编织过程中进行工艺操作以完成衣片的宽度变化。主要操作方式有减针和放针。

1. 减针

减针是通过各种方式减少参与编织的织针针数，从而达到缩减编织物宽度的目的。减针的方法有收针（移圈式收针）、拷针（脱圈式收针）和握持式收针等。

（1）收针。它是将要退出工作的针上的线圈转移到相邻针上并使其退出工作，从而达到减少参加工作的针数，缩减织物宽度的目的。根据移圈针数的多少，收针分为明收针和暗收针两种。

明收针（图 4-1-18）。移圈的针数等于要减去的针数，从而在织物边缘形成两个线圈相互重叠的效果。这种重叠的线圈使织物边缘变厚，不利

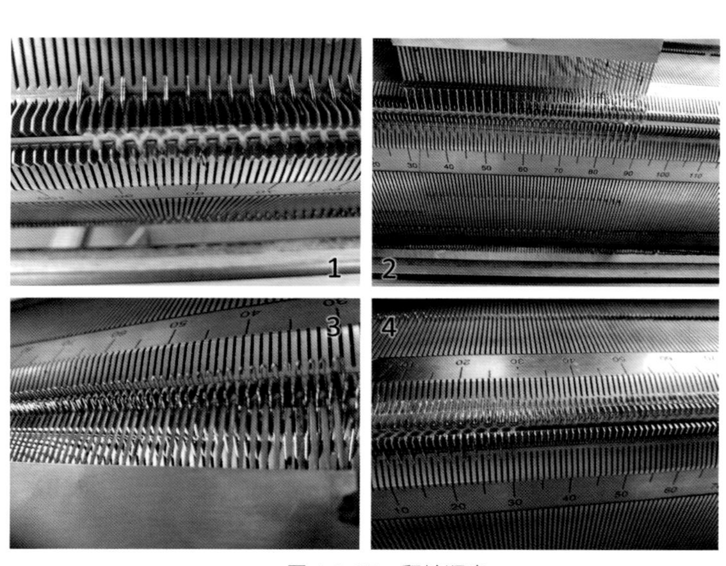

图 4-1-17　翻针顺序

于缝合，也影响缝合处的美观。

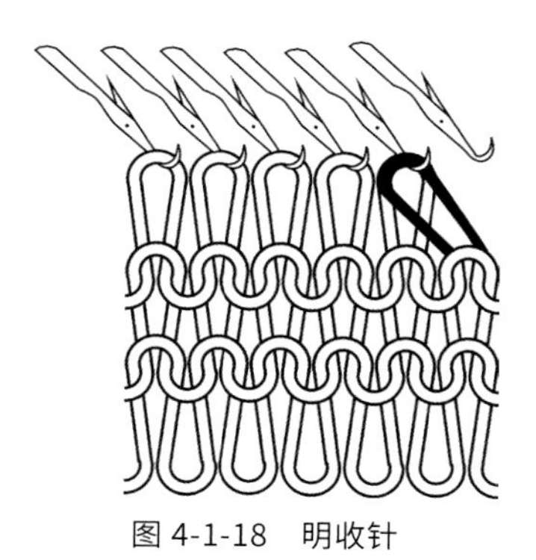
图 4-1-18　明收针

暗收针（图 4-1-19）。移圈的针数多于要减去的针数，从而使织物边缘不形成重叠线圈，而是形成与多移的针数相等的若干纵行单线圈，使织物边缘便于缝合，也使边缘更加美观。

暗收针可以在织物边缘由移圈线圈形成特殊的外观效果，被称为收针辫或收针花。收针后织物边缘光滑，线圈不会脱散。

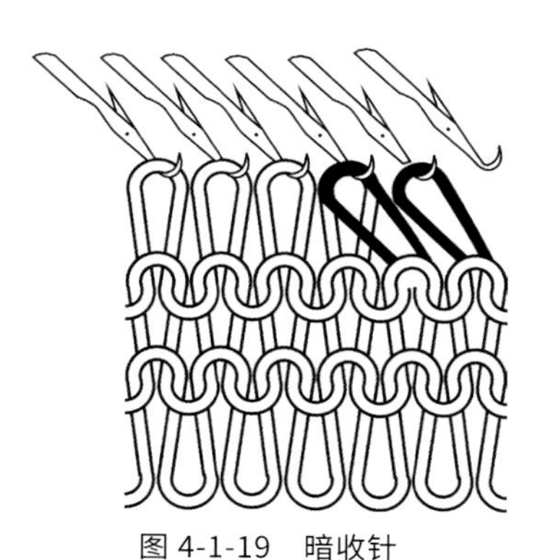
图 4-1-19　暗收针

（2）拷针。在手摇横机中，拷针是将要减去的织针上的线圈直接从针上退下来，并使其退出工作，而不进行线圈转移。它比收针简单，效率高，但线圈从针上脱下后可能会沿纵行脱散，因此在缝合前要进行锁边。

（3）持圈式收针（图 4-1-20）。采用楔形编织，使参加编织的针数逐渐减少并使针处于休止状态。

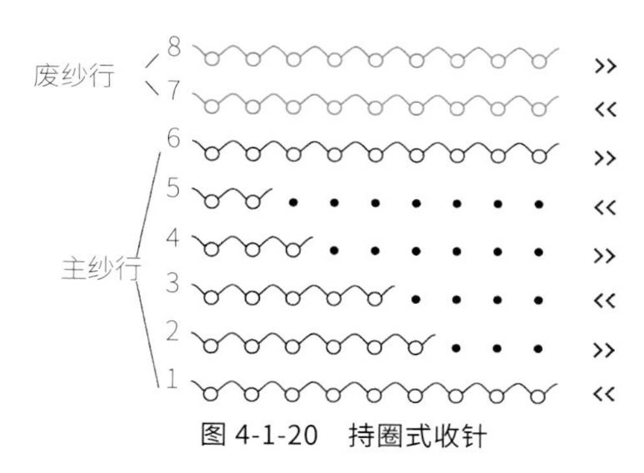

图 4-1-20　持圈式收针

这时要在编织完肩部之后，再用废线编织若干横列，以便于缝合和防止脱散。

2. 放针（加针）

放针是通过各种方式增加参加工作的针数，以达到使编织物加宽的目的。其中明放针和暗放针都是使没有线圈的空针进入工作，而握持式放针则是使前面退出工作但针钩里仍然含有线圈的织针重新进入工作。

（1）明放针（图 4-1-21）。直接使需要增加的织针 1 进入工作，从空针上开始编织新线圈 2，以使织物宽度增加。

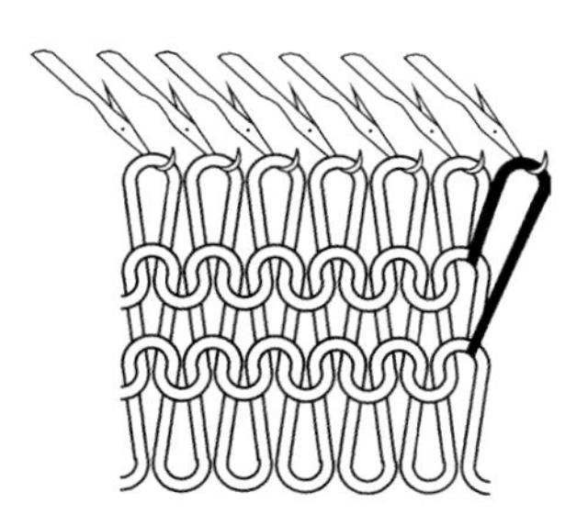
图 4-1-21　明放针

（2）暗放针（图 4-1-22）。在使所增加的针 1 进入工作后，将织物边缘的若干纵行线圈依次向外转移，使空针在编织之前就含有线圈 2，形成较为光滑的织物布边。此时中间应用一根空针。

（3）持圈式放针（图 4-1-23）。编织一个完整横列后，将某些针休止工作，然后再逐渐使其进入工作。在持圈式收针之后，使原来休止的针重新进入工作。

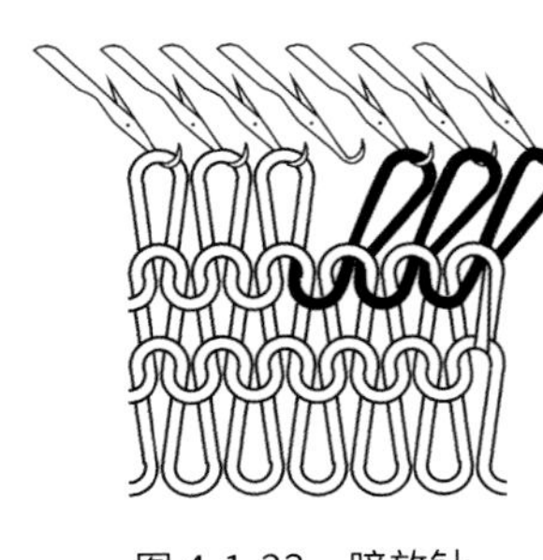

图 4-1-22 暗放针

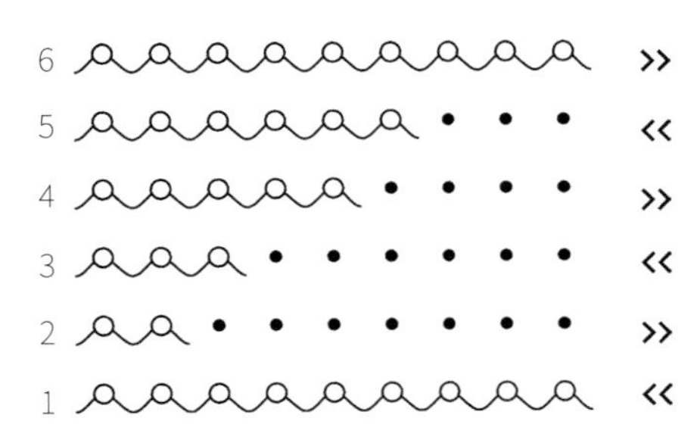

图 4-1-23 持圈式放针

（五）横机操作注意事项

（1）手摇机头时，人要站稳，用力要均匀、适中，用力方向应与机头滑行方向一致。

（2）在编织时，机头不能在编织区域内调向，必须使机头推过最边缘的工作针 2cm 以上才能调向，以免损坏机件和织物。

（3）机头处于编织区内时，不能扳动针床移位扳手，否则将严重损坏织针，也不能拨动各种三角的调节装置和开关，以免发生撞针事故，损坏机件。

（4）放针时，织针要推至与工作针平齐；收针或拷针后，空针要退到不工作位置，切忌停留在停针区与工作区之间的位置，否则会引起撞针。

（5）发生撞针时，应关闭起针三角，随后将机头退出编织区，切忌用手拉动针钩，以免损伤手指。

（6）当织物幅面过大，机头动程随之增大，当机头余纱过多时，宜用手指略带一下余纱，配合挑线弹簧将余纱收回，避免造成边缘线圈松弛，甚至产生“小辫子”和豁边。

三、常用面料组织编织

（一）编织罗纹

在编织衣片时，根据要求可以采用 1+1 罗纹、2+1 罗纹、空转罗纹、2+2 罗纹等作为织物的下摆，编织过程中存在不同的起口和编织步骤。（图 4-1-24）

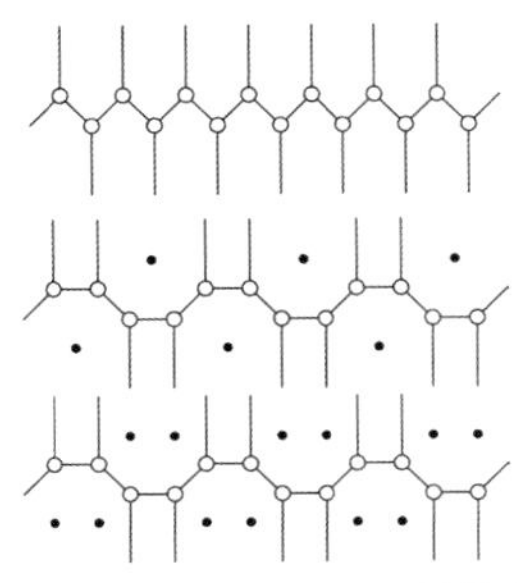

图 4-1-24 1+1、2+1、2+2 罗纹表示方法

1. 编织 1+1 罗纹（图 4-1-25 至图 4-1-30）

图 4-1-25 针床调节柄及限位

图 4-1-26 针床针对针状态

图 4-1-27　1+1 罗纹选针

图 4-1-28　1+1 罗纹起针行编织

图 4-1-29　悬挂重锤

图 4-1-30　编织空转行

第一步：调节针床至针槽相对（针对针）状态。

第二步：按照编织示意图，利用选针板进行选针操作。

第三步：调节机头编织密度为紧密度，带动纱嘴进行起针行编织操作。

第四步：将穿针梳、重锤挂于起针行纱线上，提供向下的牵拉力。

第五步：关闭 2#、4# 起针三角，编织起口空转一般可选用 1 至 2.5 转（根据机号和纱线的粗细不同调节），常用 1.5 转。其中正面编织 1 转，反面编织 0.5 转，以使正面向反面略有卷曲，使下摆平顺，防止产生荷叶边。

第六步：最后打开 2#、4# 起针三角，编织罗纹宽度所需转数即可。

2. 编织 2+1 罗纹（图 4-1-31 至图 4-1-33）

图 4-1-31　2+1　罗纹针床针对齿状态

图 4-1-32　2+1 罗纹选针

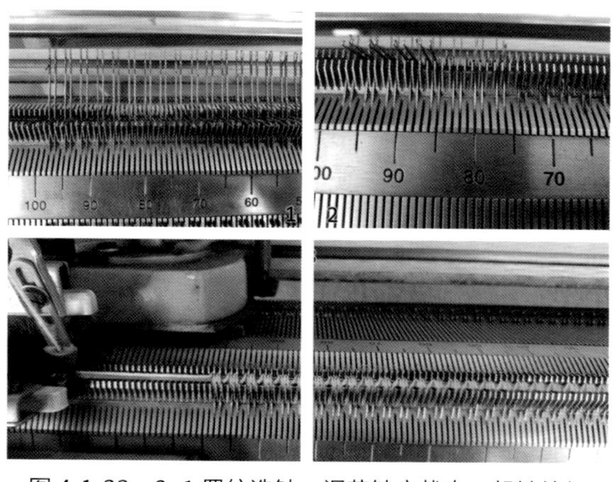

图 4-1-33　2+1 罗纹选针、调节针床状态、起针编织

第一步：调节针床至针槽相错（针对齿）状态。

第二步：按照编织示意图，利用选针板进行

选针操作。

第三步：调节针床 2 个针位，使得前、后针床各自相连机针错开，方便起针时前后织针交替编织。

第四步：调节机头编织密度为紧密度，带动纱嘴进行起针行编织操作。

第五步：将穿针梳、重锤挂于起针行纱线上，提供向下的牵拉力。

第六步：关闭 2#、4# 起针三角，编织起口空转 1.5 转。编织 0.5 转空转后，将针床调回选针时的状态，继续完成空转编织。

第七步：最后打开 2#、4# 起针三角，编织罗纹宽度所需转数。

3. 编织 2+2 罗纹

第一步：调节针床至针槽相对（针对针）状态。

第二步：按照编织示意图，利用选针板进行选针操作。

第三步：调节针床 3 个针位，使得前、后针床各自相连机针错开，方便起针时前后织针交替编织。

第四步：调节机头编织密度为紧密度，带动纱嘴进行起针行编织操作。

第五步：将穿针梳、重锤挂于起针行纱线上，提供向下的牵拉力。

第六步：关闭 2#、4# 起针三角，编织起口空转 1.5 转。分别在编织 0.5 转空转、1 转空转后，将针床陆续调回 1 个针位、2 个针位，使得针床恢复选针时的状态，继续完成空转编织。

第七步：打开 2#、4# 起针三角，编织罗纹宽度所需转数。

（二）编织纬平针（图 4-1-34、图 4-1-35）

纬平针组织通常在罗纹行编织完成后进行翻针操作形成。

第一步：先完成上述任一罗纹编织至最后剩一行。

图 4-1-34　3# 密度三角松密度

图 4-1-35　翻针（双面织物翻单面）

第二步：调节待翻针线圈面（例如后针床线圈）密度三角（例如 3#）为松密度，编织最后一行翻针行。

第三步：进行翻针操作，将待翻线圈（例如后针床线圈）翻入对向针床机针（例如前针床接收针）上，形成单面织物。

第四步：退出不需要工作的机针，依序调节密度三角至松密度，进行纬平针编织。

【课外练习】

一、作业内容

采用 2+2 罗纹起针 100 针，编织 30 转，然后翻成纬平针组织，继续编织 50 转。

二、作业要求

废纱起口，织物密度适中，下机进行适当的回缩处理。

任务二 V 领套衫编织实践

【提出任务】

本任务以 V 领毛衫编织为例，介绍针织毛衫生产过程中的准备阶段、编织阶段、缝合阶段及后整理工艺的相关内容，着重介绍编织阶段中的操作过程。

【相关知识】

毛衫生产的特点：毛衫生产过程相较梭织服装制作而言，工序比较短，主要分为编织工序、缝合工序和后整理工序。编织工序主要将纱线通过横机编织，形成全成形或半成形衣片。为了保证成衣产品质量，编织工序前需进行完善的准备工作，编织过程中需按照要求执行操作。

【实施任务】

一、编织阶段

（一）工艺单准备

根据工艺计算结果在款式分解衣片上写入工艺参数和操作要求，制作适合生产需求的上机操作工艺单（图 4-2-1）。上机操作工艺单要求：

（1）计算结果正确。

测量部位	胸宽 a	肩阔 d	领阔 i	衣长 b	袖长 c	挂肩 e	袖口宽l	下摆罗纹f	袖口罗纹g	领深 h	袖肥 j	领罗纹宽k
（cm）	50.5	40	9.5	67.5	56	22	12.5	6.5	5.5	22	20	2.5

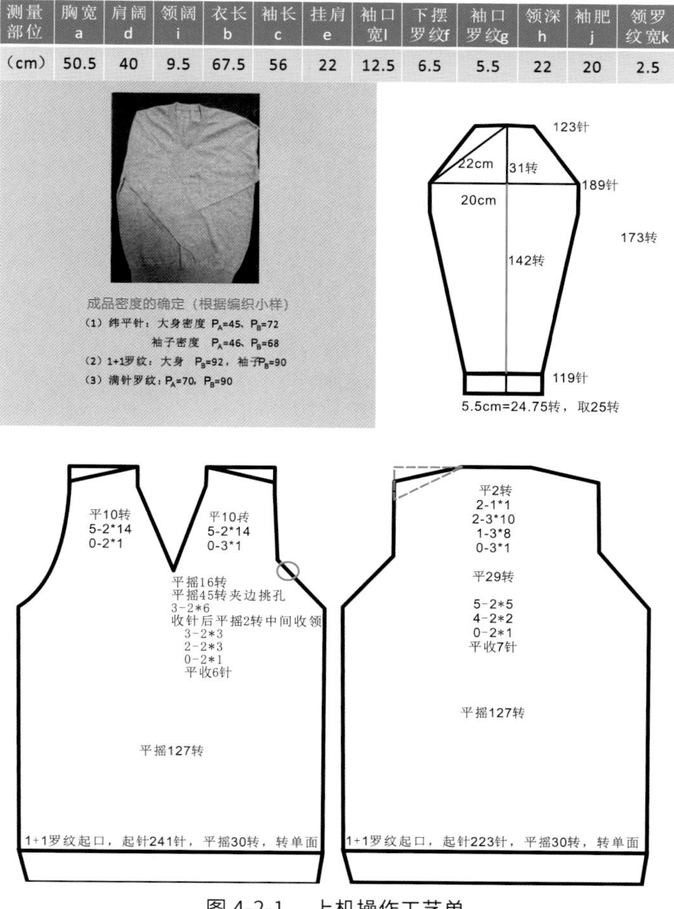

图 4-2-1 上机操作工艺单

（2）书写顺序清晰且符合编织操作习惯。

（3）编织过程要求明确，无遗漏。

（4）特殊工艺要求随附说明文件或样衣。

（二）纱线及工具设备准备

前期准备阶段需根据工艺设计所选用原材料选取纱线，同时选用正确规格的编织机和缝盘机，并维护完善。

纱线在织造前一般都会通过络纱机进行导纱，以防止纱线在运输途中受局部压迫。筒子纱线受压易引起织造布匹产生松紧布的质量问题。上蜡使纱线增大纤维间的抱合力，降低纱线同金属、陶瓷间的动摩擦系数，调节静摩擦系数，可减少织造时布匹的爆孔、烂布边和断线的发生，使织造过程得以顺利进行。同时，纱线上蜡可减少车间飞毛。选用质量好的蜡圈，使各摩擦位都能粘上一层硬而薄的蜡脂混合物，含少量蜡脂的纱线在各摩擦位上的硬蜡脂面上运行，能降低运行时的动摩擦系数，毛羽不被切断，才可减少飞毛。

（三）编织准备

编织之前要先采用大货生产所用的纱线织出一小块织布，进行拉密检验，合格后方可开始整件编织。（图 4-2-2）

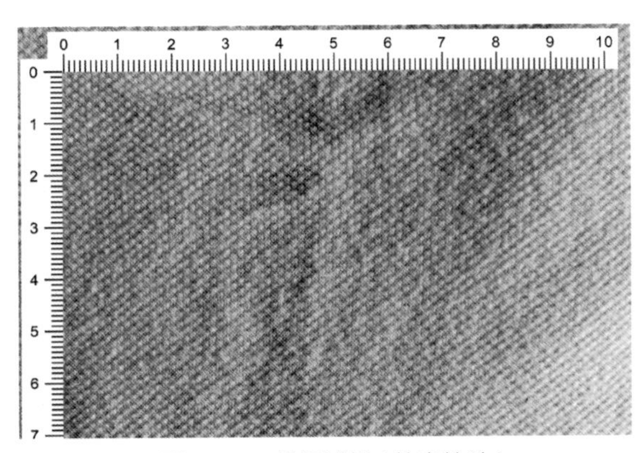

图 4-2-2　横机试样（拉密检验）

（四）上机编织

前期准备为针织成衣的编织实施提供了保证，而编织过程的操作则是针织成衣品质好坏的关键。编织工序应严格按照上机操作工艺单操作步骤及要求进行操作。

毛衫编织过程按照上机工艺单，从下往上依次编织完成。我们以图 4-2-1 上机操作工艺单为例，编织 V 领毛衫前片。

第一步：根据工艺单，前针床以针床宽度 0 为中心，选取 241 针宽度进行 1+1 罗纹选针，并将针床调至针对针状态，进行后针床选针，面包底。（图 4-2-3）

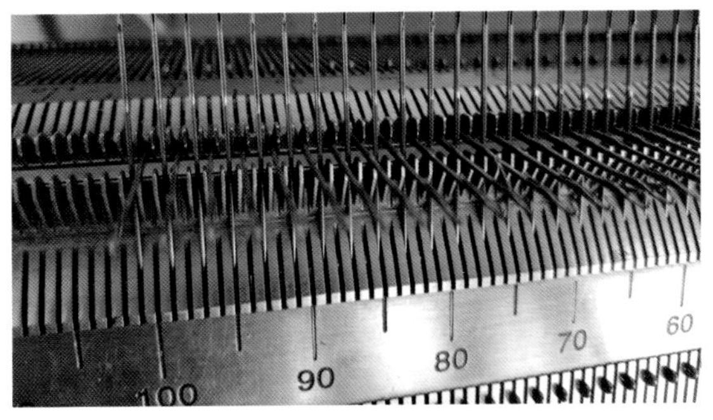

图 4-2-3　1+1 罗纹衣片宽度

第二步：机头带动纱嘴编织起针行，并悬挂重锤。（图 4-2-4）

第三步：关闭 2#、4# 起针三角，编织 1.5 转空转。

第四步：编织 1+1 罗纹 30 转，最后一行将 3# 密度三角调为松密度编织，以便将后针床线圈翻针至前针床。（图 4-2-5）

图 4-2-4　起针行编织

图 4-2-5　3# 密度三角松密度

第五步：翻针操作，形成单面织物。（图 4-2-6）

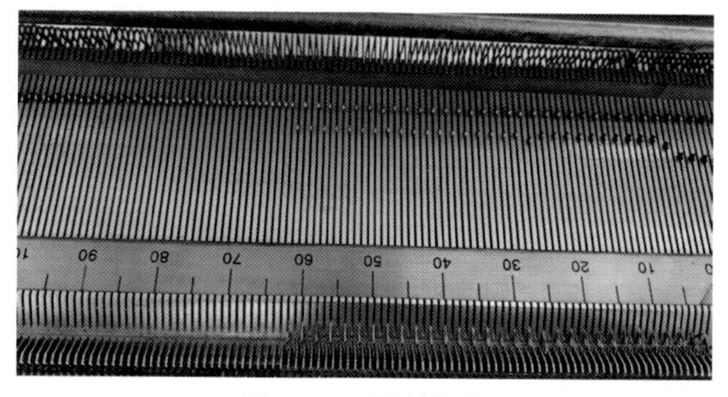
图 4-2-6　翻针操作

第六步：直身编织，拖动机头左右平摇 127 转。（图 4-2-7）

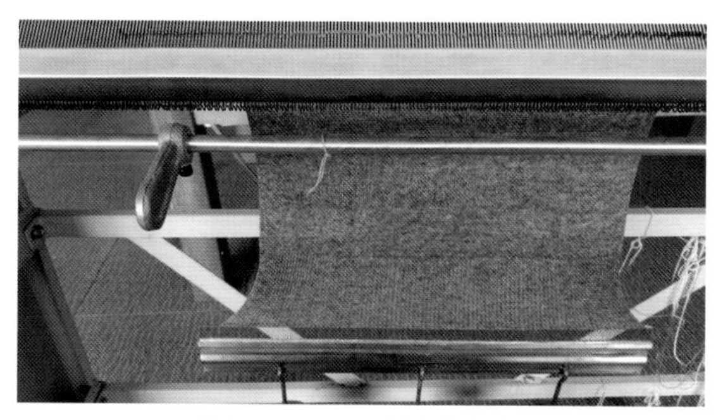
图 4-2-7　127 转布幅长度

第七步：根据工艺单进行平收针操作，袖笼底平收 6 针。（图 4-2-8）

第八步：平收针完成后应即收 2 针。（图 4-2-9）

第九步：依据工艺单完成第一阶段收针操作。

第十步：根据工艺单转数要求，从衣片中间刻度为 0 处分领，用领梳固定左半衣片，在右半衣片上同时进行收领和收袖笼的编织操作。（图 4-2-10、图 4-2-11）

图 4-2-8　平收针 6 针，布边后卷

图 4-2-9　平收针后的即收针

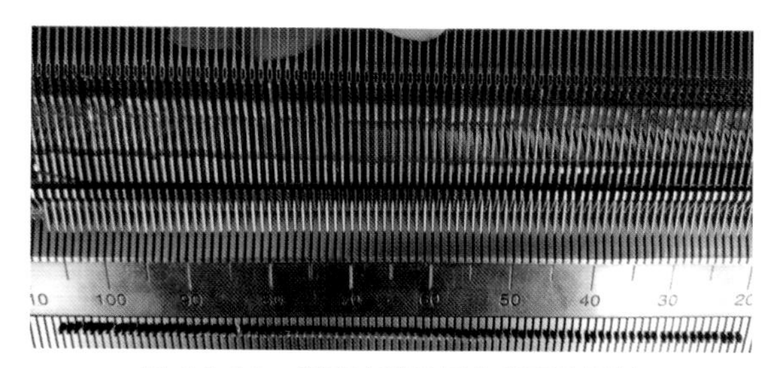
图 4-2-10　领梳拉起需固定线圈的机针

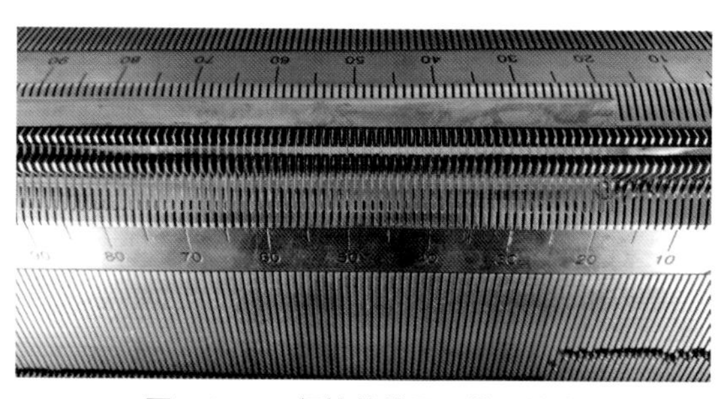
图 4-2-11　领梳将线圈悬挂于针床

第十一步：完成右半衣片编织操作，废纱收口，右半衣片下机。（图 4-2-12、图 4-2-13）

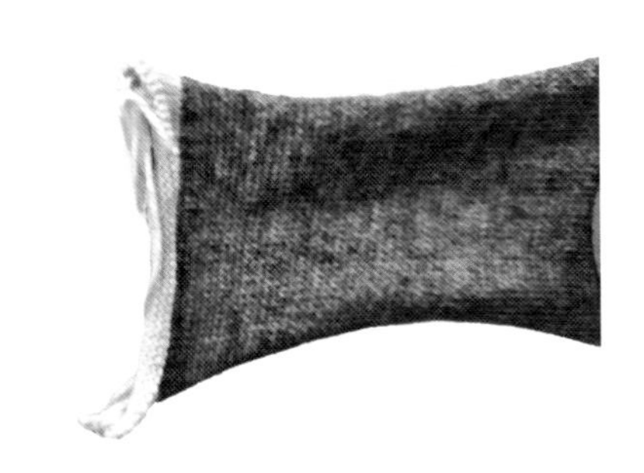

图 4-2-12　废纱收口

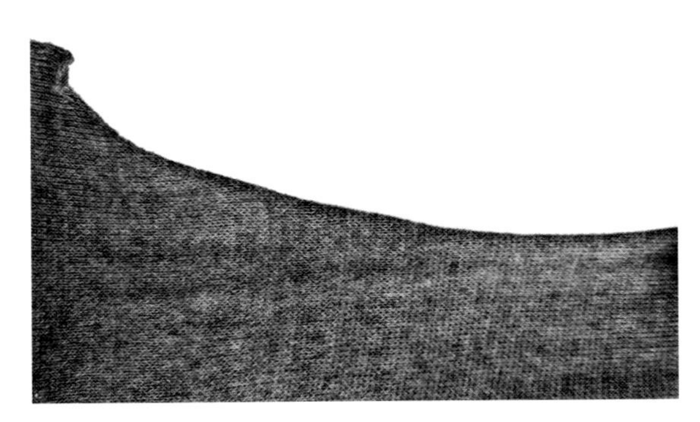

图 4-2-13　袖笼效果

第十二步：将领梳线圈翻回机针，同样方法编织左半衣片，最后废纱收口，下机。（图 4-2-14、图 4-2-15）

从上机操作工艺单可知，后片、袖片的编织相较前片简单，因此编织方法在此就不赘述，请按照前片编织方法完成该款式分解衣片编织。

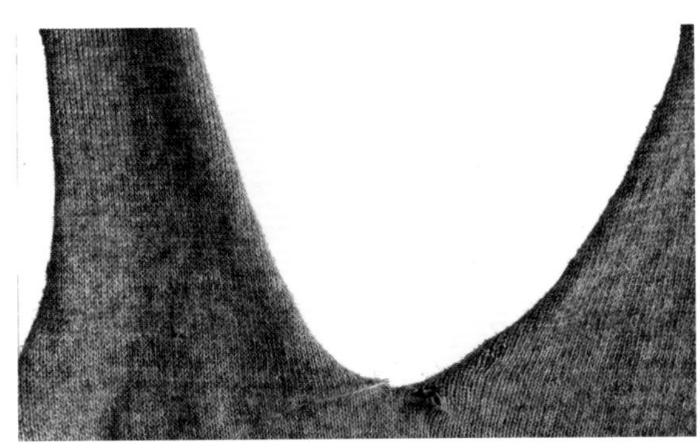

图 4-2-14　V 领毛衫前片

图 4-2-15　V 领分领效果

二、毛衫套口

毛衫套口的缝耗在 1—3 针，通常纱线较粗的选择 1 针，较细的选择 2—3 针（参考工艺单工艺计算所加的缝耗）。（图 4-2-16）

图 4-2-16　12G 毛衫缝耗 2 针

毛衫套口应遵循一定的顺序，不同款式的套口顺序略有差异。宽条纹格纹毛衫套口需对格对条。（图 4-2-17）

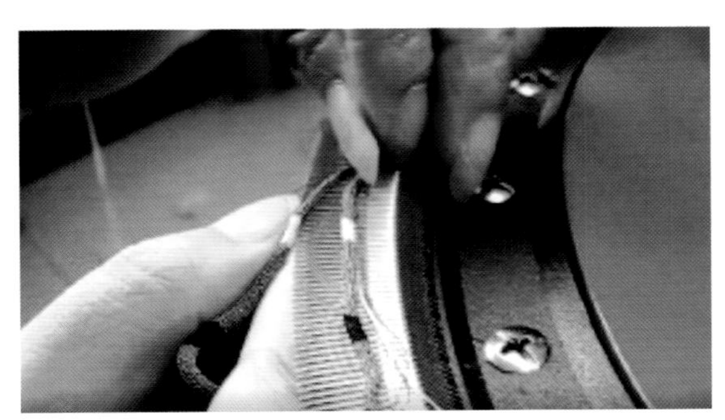

图 4-2-17　条纹毛衫对条

（4）毛衫收口的废纱在缝合完后需抽离。（图4-2-18）

（5）毛衫套口穿针不可漏针和错位。

图 4-2-18　废纱抽离

三、后整理

（一）缩绒

缩绒整理是使羊毛衫在一定湿热的条件下经过反复无规则外力的连续作用，体积变小，单位面积重量增加，表面形成一层短绒，织物外观改善，手感更加丰满柔软，保暖而更富有弹性。影响羊毛衫缩绒的工艺因素主要有缩剂、浴比、温度、pH 值、机械作用力和时间等因素。缩绒过程应防止缩绒过度产生毡缩，导致产品弹性消失，手感发硬。毛衫缩绒普遍使用洗涤剂缩绒法，可将毛衫放在滚筒式洗衣机或转笼式缩绒机中进行，具体工艺流程：衣坯→浸润→缩绒→清洗→脱水→烘干。（图 4-2-19）

（二）蒸烫定型

蒸烫定型是成形针织服装后整理加工的最后一道工序，其目的是为了使成形针织服装具有持久、稳定的规格尺寸，外形美观，表面平整，具有光泽，绒面丰满，手感柔软，富有弹性并具有一定的身骨。（图 4-2-20）

【课外练习】

一、作业内容

（1）利用滚筒洗衣机进行 V 领毛衫缩绒，要求每 3 小组进行不同浴比和洗涤时间的缩绒过程，

图 4-2-19　洗涤、烘干机械

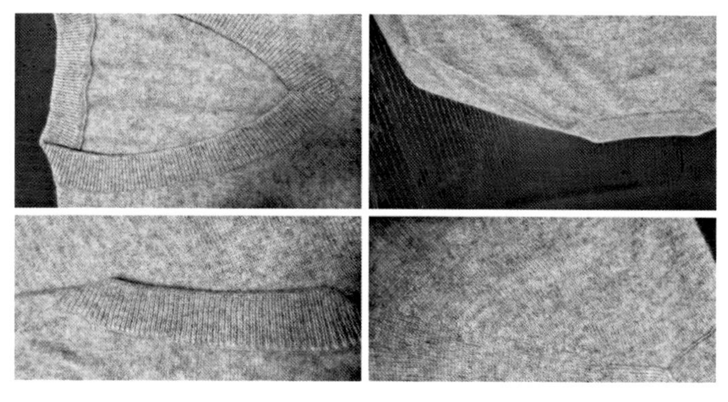

图 4-2-20　V 领男套衫成品与细节展示

比较V领毛衫缩绒成品外观效果，总结出合理的洗涤剂浴比和洗涤时间。

(2) 进行V领毛衫缩绒手工熨烫操作，确保毛衫符合尺寸容差要求。

二、作业要求

(1) 在利用滚筒洗衣机进行毛衫缩绒时，要注意材质档位的选择。

(2) 记录洗涤数据时要规范、工整。

(3) 在毛衫熨烫时，注意熨斗的操作方法及服装的尺寸比例。

【项目小结】

针织服装生产具有批量转换简单、生产流程短、工艺简单、生产效率高、生产成本低等优势，从而使针织服装生产企业具有较强的竞争力。本项目通过对纬编基础组织和基础款式服装的生产操作，让学生了解了针织毛衫的生产过程，掌握了成形针织服装编织、缝合及后整理的相关知识和技能。此外，本项目内容也适用于初接触横机编织和缝合的学习者理解横机和缝盘机的生产原理。

项目五　系列针织服装设计

【项目介绍】

项目主要任务：首先，介绍系列针织服装设计的过程，分析系列针织服装设计的方法；然后，下达系列针织服装设计任务（包括设计主题、设计风格及产品定位等相关内容）；最后将学生分成若干个设计小组，根据设计任务进行科学合理的分析，以完成系列针织服装设计任务。

【知识目标】

- 掌握资料收集、分析、整理的方法
- 了解系列针织服装的设计过程，掌握系列针织服装的设计方法

【能力目标】

- 具备市场调研能力以及对调研数据统计分析的能力
- 具有设计的审美性和独创性，以及搭配组合的能力
- 能熟练操作 Photoshop 软件
- 能根据设计任务完成系列针织服装的设计

任务一　市场调研与概念联想

【提出任务】

对服装市场流行趋势进行调研，对本行业的领军产品和同类产品进行调研；通过初期的调研，使灵感产生碰撞，借用概念发想的技巧促成设计理念的生成。

【相关知识】

一、调研表格的设计

款式调研观测统计表如表 5-1-1 所示。

色彩调研观测统计表如表 5-1-2 所示。

表 5-1-1　款式调研观测统计表

<table>
<tr><th colspan="2">总人数</th><th colspan="6"></th></tr>
<tr><th colspan="2">地点</th><th colspan="2"></th><th>日期</th><th></th><th>时段</th><th></th></tr>
<tr><td rowspan="9">上装</td><td rowspan="9">品种</td><td rowspan="3">长度</td><td>长</td><td colspan="4"></td></tr>
<tr><td>中</td><td colspan="4"></td></tr>
<tr><td>短</td><td colspan="4"></td></tr>
<tr><td rowspan="3">宽度</td><td>宽</td><td colspan="4"></td></tr>
<tr><td>中</td><td colspan="4"></td></tr>
<tr><td>紧</td><td colspan="4"></td></tr>
<tr><td rowspan="3">流行度</td><td>高</td><td colspan="4"></td></tr>
<tr><td>中</td><td colspan="4"></td></tr>
<tr><td>低</td><td colspan="4"></td></tr>
<tr><td rowspan="9">下装</td><td rowspan="9">品种</td><td rowspan="3">长度</td><td>长</td><td colspan="4"></td></tr>
<tr><td>中</td><td colspan="4"></td></tr>
<tr><td>短</td><td colspan="4"></td></tr>
<tr><td rowspan="3">宽度</td><td>宽</td><td colspan="4"></td></tr>
<tr><td>中</td><td colspan="4"></td></tr>
<tr><td>紧</td><td colspan="4"></td></tr>
<tr><td rowspan="3">流行度</td><td>高</td><td colspan="4"></td></tr>
<tr><td>中</td><td colspan="4"></td></tr>
<tr><td>低</td><td colspan="4"></td></tr>
</table>

表 5-1-2 色彩调研观测统计表

总人数						
地点			日期		时段	
上 / 下装	粉红					
	红					
	深橙					
	橙					
	浅橙					
	深黄					
	黄					
	浅黄					
	深绿					
	绿					
	浅绿					
	深蓝					
	紫					
	浅紫					
	深赭					
	浅赭					
	赭					
	黑					
	灰					
	白					
	印花					
	条格					
	其他					

面料外观调研观测统计表如表 5-1-3 所示。

表 5-1-3 面料外观调研观测统计表

总人数							
地点				日期		时段	
上装	天然纤维	棉					
		麻					
		丝					
		毛					
	化纤	涤纶					
		腈纶					
		锦纶					
	混纺	毛腈					
		毛涤					
		毛锦					
	其他	印花					
		提花					
		染色					
		刺绣					
		花式组织					
下装	天然纤维	棉					
		麻					
		丝					
		毛					
	化纤	涤纶					
		腈纶					
		锦纶					
	混纺	毛腈					
		毛涤					
		毛锦					
	其他	印花					
		提花					
		染色					
		刺绣					
		花式组织					

二、意象发散联想

意象发散联想要求简单地列出所能想到的与设计任务有关的所有字词。在这个过程中，需要运用字典、同义词词典和网络作为辅助手段。也可以为那些写下来的文字配上图片，这样它们就可以为系列设计带来一个潜力无限的开端。

【实施任务】

一、市场调研与资料整理

首先，通过街拍、参观服饰博览会、查阅咨询网站和文献资料等方式进行市场调研；其次，整理调研表格和图片，进行比对分析，以精练的文字和典型图片来归纳调研成果。

款式细节与设计元素细节版面组图如图5-1-1所示。

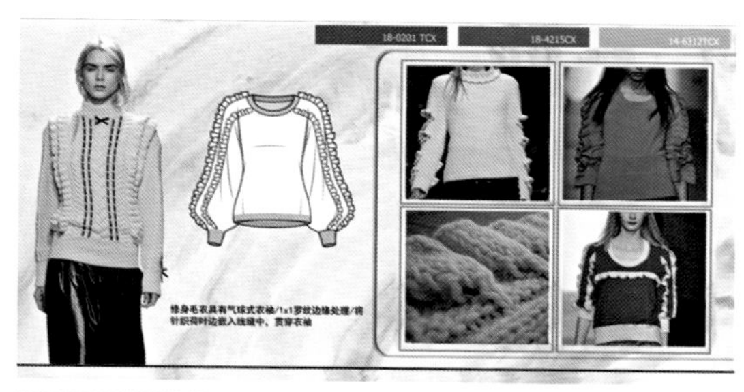

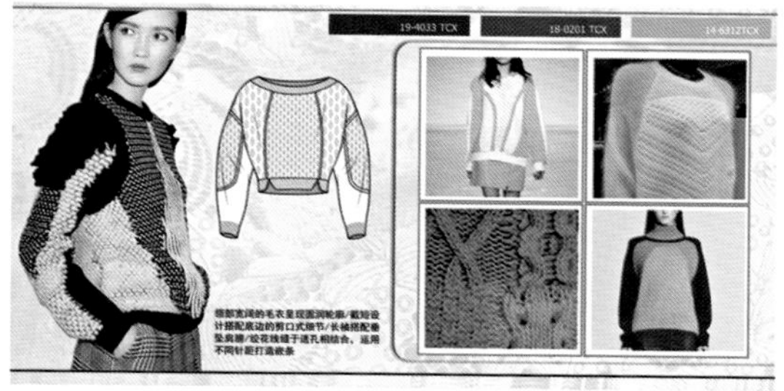

图 5-1-1　款式细节与设计元素细节版面组图
（图片来源：蝶讯网）

商场实拍针织服装肌理、图案组图如图 5-1-2所示。

图 5-1-2　实拍针织服装肌理、图案组图
（图片来源：T100 网）

流行色彩组图如图 5-1-3 所示。

图 5-1-3　流行色彩组图
（图片来源：搜狐网）

二、制作联想链图

案例分析："红色"的联想如图 5-1-4 所示。

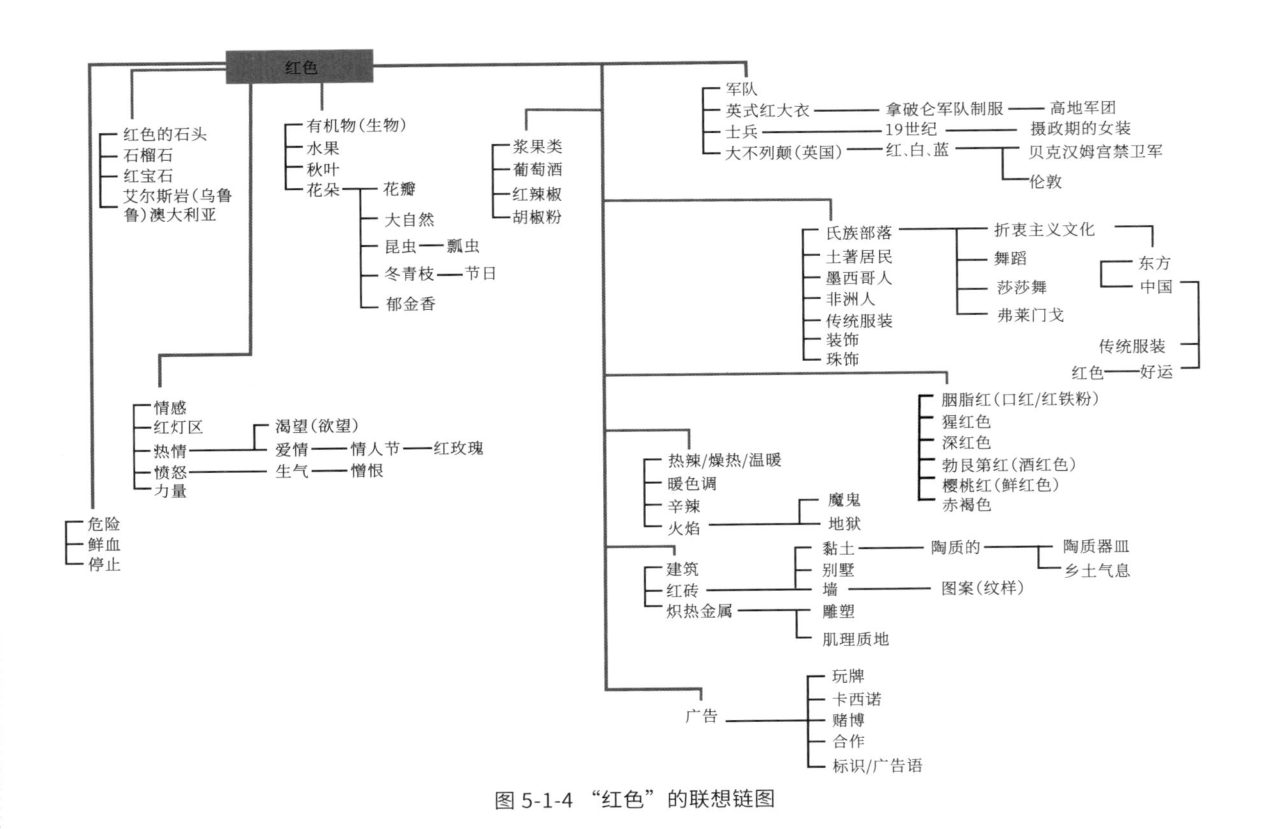

图 5-1-4 “红色”的联想链图

任务二　创意展开与产品设计

【提出任务】

通过前期调研分析和概念联想，明确设计主题；围绕设计主题，从服装功能结构、面辅料搭配与主题格调匹配程度等方面加以分析，绘制服装设计款式图，选取合适面料小样，并在此基础上完成系列针织服装最终效果的设计。

【相关知识】

一、设计主题的确定

根据信息分析的结果，设计师应充分发挥自己的灵感（更多时候，灵感不是找出来的，而是绞尽脑汁想出来的），提出本季产品的设计概念和设计主题。

（一）寻找灵感

灵感是点燃设计师创作激情的火花。创作灵感来源于世界上存在的或不存在的事物，大千世界中的万事万物都可以是服装设计的灵感源，如一段勾起往昔回忆的音乐，一种雨后的草木清香，一个摄像机中的片段影像，一束自然界的鲜花（图 5-2-1）……只要能打动设计师的心弦，勾起创作欲望，就是灵感。

（二）确定设计主题

1. 设计主题的概念

设计主题是凝聚每一季众多新款的灵魂。

图 5-2-1 灵感来源于自然界花朵的服装

围绕这一灵魂，所有的设计都表现出符合这一主题的调性。对于服装公司来说，每季的所有新款服装都是隶属于当季的几个主题之下的。如：某针织服装公司结合来年秋冬流行趋势，针对该品牌当季规划需要，提出了四个设计主题系列——温馨 (WARM)、低调 (SILENCE)、深邃（DEEP)、碰撞 (COLLISION)，引导当季产品开发。(图 5-2-2) 主题或概念是一个好的系列设计的精髓所在，而且它会使系列设计独一无二。

图 5-2-2 某针织服装公司
秋冬季四个主题系列及意境图

2. 设计主题的确定

设计主题一般以意境图配简洁文字来表达。用抽象的提示性文字配合精心挑选的图片，强调的是一种意境的传达，为的是用这种形象化的语言统一设计师对特定情调和气氛的理解。如图 5-2-3 中，某公司一季度设计主题“NEW FRONTIERS”，主题板中描述着秋日里人们在大自然中休憩，尽享轻松舒适生活的场景，以此来暗示这一季服装风格亲近自然、追求自由闲适生活的格调。除此之外，意境图还以它的画面信息指引着设计师在服装风格款式、色彩面料等大方向上的选择。

图 5-2-3 设计主题“NEW FRONTIERS”

二、主题流行看板的制作

（一）确定主题色调

产品设计的主题确定下来以后，就要根据主题制定产品设计的总体方案，包括整体色彩计划、材料的选用方案。

色彩是一个需要考虑的基本问题，它常常是设计中引人注目的首要因素，并且影响到服装或系列设计被感知的程度。色彩方案就是根据主题内涵及一系列用以表达主题内涵的视觉形象，意化出一系列的色彩，用以指导具体设计的展开。

色彩基调以色块的形式明确标出。能够附上一幅图片来完善说明并支撑所选取的色彩尤为重要。如图 5-2-4 为某公司 NEW FRONTIERS 主题色彩基调板。

（二）确定面料范围

主题的内涵及形象带给我们对色彩的体悟的同时，也为我们提供了对材质选择的感悟。材料方案是将主题传达的内容物化为具有一定质感、色泽的纺织品材料。

图 5-2-4 色彩基调板

在面料的选择上，侧重于通过它的质感、光泽等属性，对视觉和触感产生影响。其视觉效果和手感会传达出某种贴合主题情绪和气质的特质。

面料的选择：基调板上要显示调研过程中收集的有体现设计理念、装饰手法、边饰材料的面料，并以此来对所展开的设计起支撑作用。（图 5-2-5 至图 5-2-7）

图 5-2-5 面料板（一）

图 5-2-6 面料板（二）

图 5-2-7 面料板（三）

三、功能结构分析与设计图稿推敲

（一）服装功能分析

服装功能是指它是什么服装品类，如一条连衣裙、一条半身裙、一条裤子或是一件夹克，你所要做的设计任务书常常会为你提供指引，即在设计过程的最终阶段期望获得的事物，因此设计者必须明确正在设计的服装品类。

服装功能也指满足一定穿着目的或者特殊需

求的服装。如少女装品牌艾格，旗下有三个系列，针对穿着的时间、场合的不同细分为 Etam（上班时穿用）、Etam Weekend(休闲系列)、Etam Spots(运动系列)。在设计阶段，了解所设计的服装类型及穿着目的是非常重要的。

（二）服装廓型分析

廓型是对服装的整体印象，设计师构思的起笔。不同的服装廓型体现了不同的服装风格和审美趣味。廓型是服装造型特征最简洁明了、最典型概括的记号性标识，是服装给人的第一印象，对传达服装总体设计的美感、风格、品位起很大的作用。如：自然形廓型强调女性的三维曲线变化，其肩部、胸部、腰部、臀部都比较贴合人体起伏，最具女性魅力，能体现女性特质和优雅风格，是最常用的服装廓型；（图 5-2-8）X 型廓型的服装腰部尽可能贴合人体，腰部以上和以下部分依靠增加布料的量感向外扩张，在视觉上形似英文字母 X，这种造型是对女性身体曲线的夸张性表现。（图 5-2-9）

图 5-2-8 自然形廓型服装（图片来源：蝶讯网）

图 5-2-9 X 型廓形服装 (Missoni 品牌)

（三）服装结构分析

服装的结构变化是塑造服装廓型的直接手段。决定廓型的结构线有很多，其中较为重要的有腰围线和臀围线的上下移动、肩线和腰线的宽与窄及其立体感的强弱、分割线或省道的形状和方向等。

整体廓型及主要结构的构思确定之后，就需要对服装结构及造型的细节进行考虑了。对细部结构的考虑反映出服装的内部空间及与其有关的比例关系，这些内在的比例关系需要兼顾到与整体廓型之间的比例，这便是构思的深化。

服装的内结构即服装的内部造型。它是指服装外轮廓以内的内部结构的形状和零部件的边缘形状，如领子、袖子、门襟、口袋等零部件和衣片上的分割线、省道、褶裥等。服装外轮廓确定以后，可以在其中创造无穷无尽的内结构。

内部结构的位置设计：一个零部件、一条分割线或者一个省道，常常会因为位置的变化而产生不同的效果。

内部结构的形态设计：内部结构位置确定以

后，采用何种形态表现是设计师十分关心的问题。假如设计一件比较柔媚的作品，不规则的曲线条似乎比硬挺的直线条更为合适。内结构零部件的形态一般包括光糙、粗细、软硬、厚薄、皱挺、虚实等。

内部结构的工艺设计：工艺手段是个必须重视的内结构设计手段。有些已不再流行的服装摇身一变成为当季最流行的新款，其奥妙就是在原有外轮廓的基础之上，通过当季最流行工艺手段来使其重新步入流行潮流。由此可见，工艺手段对于内结构造型甚至服装整体形象的塑造都有着不可忽视的作用。同样的造型内容，会因为工艺的不同而造成截然不同的视觉效果。内部结构零部件的工艺一般包括裁剪、手针、明线、贴花、熨烫、刺绣、印染、编织、镶嵌、滚边、包边等。（图 5-2-10）

图 5-2-10　多种装饰工艺细节
（图片来源：大作网）

（四）服装款式确定

款式决定了服装的整体造型与结构特征，同时也在很大程度上决定了服装的风格，款式的设计方案同样是对主题风格的提炼。典型款式的确定意味着为下一季的所有设计定下了基调，通常从以下几个方面综合考虑：

（1）款式风格必须和主题的意境保持一致。例如体现浪漫情调的主题，就不适合采用运动装风格。

（2）在廓型上，基本的款式风格无非是指宽松或是合体乃至紧身。

（3）在内部结构上，基本款式风格表现为简洁或是复杂。将外部廓型和内部结构结合起来考虑，处理得当，就能勾勒出款式的基本风格。

（4）可以从廓型入手，添加细节。可遵循从廓型、面料、色彩、图案、装饰到工艺、分割线等细节的确定来完善款式。

如图 5-2-11 所示，某服装公司秋冬季毛衫款式开发，其中一个主题系列款式风格以中款为主，注重结构变化和装饰。图中展示的是其当季典型款式波浪领中款毛衫及在其基础上进行的款式开发。

每当确定典型款式的时候，这一季的设计有没有特别强调的设计细节是很重要的评判指标。这个设计细节有时是某种特别的配色方案，有时是令人印象深刻的花形的采用，有时是尺寸上特殊比例的运用等。图 5-2-12 是 NEW FRONTIERS 主题特别强调的款式设计细节。

图 5-2-11　典型款式确定及拓款开发

（五）设计手稿的绘制

传达设计理念，把头脑中的所思所想表现在纸上，是一名时装设计师的必备能力，是设计进程的重要环节，它形象地展现了如何将一个主题转化为系列时装的过程，清楚地表达出设计和概念。

设计手稿要求能够描绘出关键的设计元素，换句话说，不仅要画出服装廓型，还要画出服装的细节、选用的面料、印花的设计理念以及所运用的色彩。

1. 设计草图绘制

草图是服装构思中可视形象表现形式的一种，是对构思的服装外形与色彩等各种要素作延伸与组合的设计和计划。设计师通过草图尽可能多地画出设计构思的各种方案，大量的草图是挑选优秀设计的保证。在挑选出的草图基础上可以进一步完善其轮廓、比例、细部，最后调整成正稿。

图 5-2-12　NEW FRONTIERS 主题款式设计细节

2. 设计效果图绘制

设计效果图是对设计草图的明确和具体化。不仅要通过色、形、质的表达来表现设计师的设计意图，还要通过对附件、结构的细节描述，甚至某些局部设计的深入细化等，起到指导实物制作的效果，而且有必要附加上面料小样。如图 5-2-13 为某公司 2012 春夏款式开发的效果图展示，画面较为清晰全面地交代了研发款式的借鉴图片、工艺细节、面料图案的设计步骤和面辅料的选用情况。

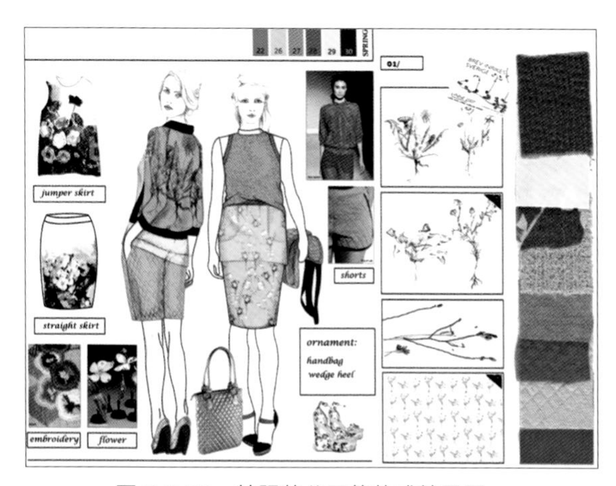

图 5-2-13　某服装公司的款式效果图、装饰图案及所用面料小样

3. 明确的结构图绘制

设计师完成效果图以后，有必要画出服装的平面图（款式图），准确地表现服装正反面的造型特征。它要求服装各部位的比例准确，甚至可以直接标注成品尺寸。由于画面的限制，有些款式中的细节不能清晰地表现出来，这样就需要画出局部放大图。（图 5-2-14）有了明确结构图，制版师就可以制作服装纸样了。

4. 细节小样制作

每件服装都可以拥有美妙的廓型和线条，然而只有细部设计才能定义这件衣服并使它与其他设计师的作品明确区分开来，它可以使系列中相

图 5-2-14　某针织服装公司的秋款服装正背面款式图

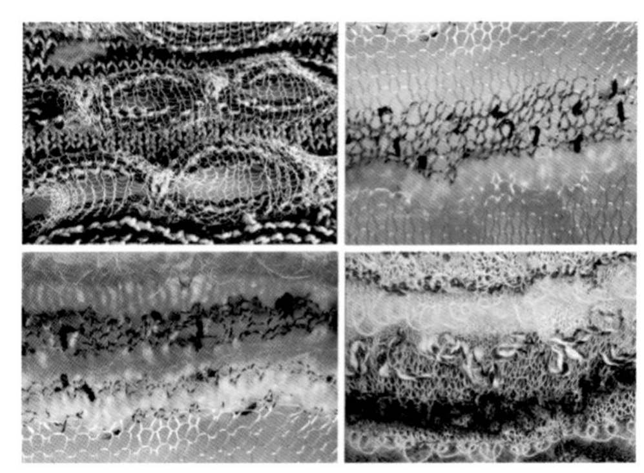

图 5-2-15　某公司的秋冬服装细节小样
（图片来源：大作网）

似款式的设计获得更加微妙的变化和延伸。为了能够检验具体细节的可实现性和保证设计意图的准确表达，在设计构思过程中，设计师需要制作细节小样，通过将面辅料进行试验搭配，从中确定最为满意的表现方法。（图 5-2-15）

四、系列服装设计

系列服装设计是指在一组服装中，每套服装之间既有相同的形象特点，构成一个大的整体，又各自有鲜明的个性特征。

系列服装是既相互联系又相互区别的成组配套的服装群体，目的是为了更好地促进关联销售，提升陈列的美观度，以及降低面料成本等。

款式系列设计的概念、特点、原则、方法及表现形式如下：

（一）款式系列设计的概念

款式的系列设计是指根据某一主题风格或款式特征而开发出多数量、多件套的系列产品。

（二）款式系列设计的特点

（1）这些产品具有共同的风格，在款式特征上有紧密的内部联系。

（2）同一要素在系列服装上反复穿插，使整个系列服装实现协调统一的效果。

（3）运用相关服装形式上的差异，使整体协调、统一的系列服装呈现灵活多变的美感。

（三）款式系列设计的原则

（1）款式系列设计应根据品牌的定位确定服装款式在系列中的比重。

（2）款式系列设计应更注重款式和类别的比例，并且能够独立穿着。

（3）系列设计应由内在主题紧密联系着各款单品。

（4）款式系列开发应该综合服装的色彩、面料、装饰等其他因素。

（5）系列服装应遵循服装设计的 5W（5W 指何人穿 WHERE、何时穿 WHEN、何地穿 WHERE、穿什么 WHAT、为何穿 WHY）条件，在此基础上根据具体的设计要求完成系列设计。

（6）在款式系列设计中，可以按以下几种主要影响因素分类：

季节：季节是影响服装企划、生产最重要的因素，也是系列设计的主要元素之一，不同的季节会推出不同的主题和系列服装。

年龄段：根据品牌定位，每个品牌的年龄层会有一定的跨度，而系列设计的存在可以细分定位中的各个年龄层，满足更多的消费者。针对不同年龄的消费者，设计师会推出几个不同感觉但总体风格一致的系列。

主题：如特殊节日、特别的事件和活动等。主题是系列作品的核心，是设计作品中有关元素构架组合并通过服装形式表现出来的精神内容和价值取向。例如 2008 年北京奥运会，运动品牌阿迪达斯推出的祥云系列运动服；春节各个品牌会推出代表节日气氛的红色系列服装等。

品牌价格定位：针对不同人群，不同的价格定位很重要，直接影响选用的面辅料、工艺等的直接成本。

（四）款式系列设计的方法

1. 元素组合设计

将某元素作为设计中的表现重点，在多个款式的不同部位进行搭配的方法。（图 5-2-16）

2. 元素加减设计

通过对款式中的某些元素进行重复、叠加、递减、类比，达到变化的效果，保留系列感。

3. 材料置换设计

常用于某些经典款式，款式结构和基本款式变化不大，改变其色彩或面料，这种做法常常为成衣品牌所采纳，既能保留品牌连年畅销的款式的特征，又能给消费者耳目一新的感觉。

4. 相关联系设计

以某一个款式设计为原型，类推出相似的造型。(图 5-2-17)

图 5-2-16　元素组合手法

图 5-2-17　相关联系手法 (Prada2017 年春夏系列)

（五）款式系列设计的表现形式

1. 通过基本款表现

基本款式其外轮廓线具有鲜明的设计风格，利用外部造型的一致性形成的系列，观感整体和谐、风格简洁统一。成组成套服装在外形相同的情况下，进行内部分割线变化。系列中着重结构线和装饰线的变化。（图 5-2-18）

2. 通过工艺表现

服装装饰工艺包括明辑线、褶皱、镶嵌、绣花、蕾丝花边等。其系列感的表现形式是指成组成套服装在外形相同或相似的情况下，将一种工艺手法反复应用，但需要变化装饰点的位置使之产生系列的关联。（图 5-2-19）

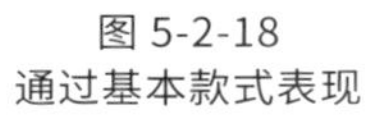

图 5-2-18
通过基本款式表现

图 5-2-19
通过工艺表现

3. 通过搭配表现

突出服装的内外层次变化和服装的长短变化的表现形式。款式系列感的表现形式中如突出某种长短搭配：上短下长、下短上长、内长外短、外长内短等，通过多件套多层次来表现相同件数组合服装丰富的层次效果。

4. 通过面料表现

通过面料质感的对比和组合效应产生系列服装设计，款式造型和色彩可以不受限制。把面料的造型设计作为共同要素在系列设计中反复交错运用，如面料的变形设计、破坏设计及附加装饰设计等。

5. 通过色彩表现

以色彩作为系列服装中统一的元素，在一组服装的上下、左右、前后等对应部位进行色彩交错置换，形成系列服装。（图 5-2-20）

在限定的几种色彩中，选定主要色彩和次要色彩，在系列服装的适当位置进行搭配。

图 5-2-20　通过色彩表现（设计者：孙娇娇、汪雅琴）

6. 综合表现

系列服装在体现系列感时常常会选择综合的表现方式，如基本款和搭配方式成系列的方式、装饰手法和基本款式的综合搭配、基本款式和面料的综合搭配、基本款式和色彩的综合搭配、色彩和面料的综合搭配等。

【实施任务】

设计任务：为某公司做 2019 年秋冬针织女装系列产品设计。

灵感来源：后现代简欧风格的家装设计，以黑、白、红为主基调，金、银色作点缀。线条柔软而不繁复，取适中的廓型感。强调质感的对比与差异，同色不同材质的组合。如金银般净亮的金色、银色，使服装贵族感十足。

关键词：质感对比、奢华、优雅。

场景：参加朋友的生日派对。

主题确定：“新贵族”系列。

主题意境图：图 5-2-21。

色彩提取：黑色、白色、红色。

图 5-2-21 “新贵族”系列主题意境图

图 5-2-22 “新贵族”系列设计效果图
（设计者：李芳煜）

效果设计：本系列针织服装是简洁、优雅的风格，所以服装造型线条要柔软而不繁复，廓型感保持适中，材质上强调质感的对比与差异。（图 5-2-22）

款式绘制：本系列作品以经典的廓型为主，线条简洁柔和，穿起来舒适自在，凸显后现代“轻生活”风尚。（图 5-2-23）

面料选择：本系列作品主要采用羊毛和羊绒等天然纤维来进行服装的制作，面料的肌理效果丰富多样，产品的保暖性和舒适性极佳。（图 5-2-24）

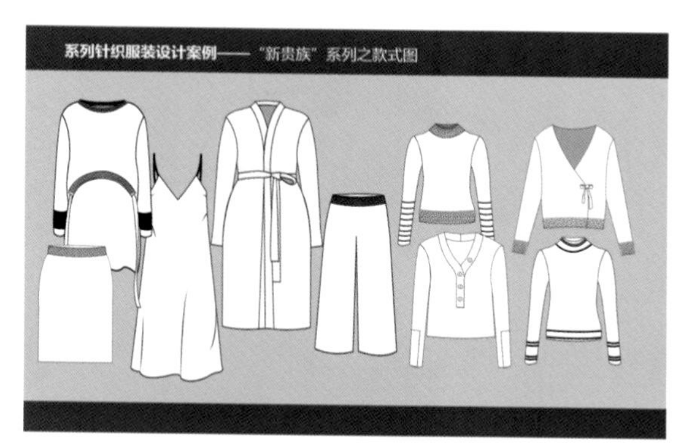

图 5-2-23 “新贵族”系列之款式图
（设计者：李芳煜）

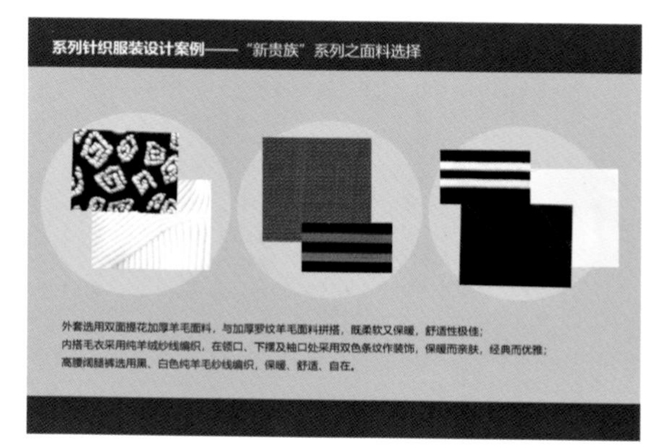

图 5-2-24 “新贵族”系列之面料选择
（设计者：李芳煜）

【课后练习】

一、作业内容

观看电影《绝代艳后》，并以 18 世纪富丽奢华的法国宫廷生活场景为灵感，以“绝代艳后”为主题，进行系列针织服装设计练习。（图 5-2-25）

二、作业要求

（1）分组设计，每组选一名组长，组长根据小组人员的特长进行分工，做到人尽其才。

（2）设计作品要贴合设计主题，作品的系列感强，同时具有一定的创新性。

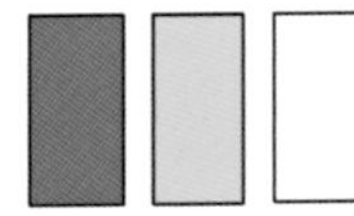

图 5-2-25 “绝代艳后”系列主题意境图

【项目小结】

本项目主要学习了系列针织服装的特点及设计过程与设计方法。通过项目前期的市场调研和资料整理，同学们对当前服装市场流行趋势和许多国际时装品牌的风格特点有了一定的了解，在一定程度上开阔了眼界，同时也为后期的创意展开和产品设计做好了准备。在项目后期，同学们学习了系列针织服装设计的概念、特点、原则、方法及表现形式等相关知识，并运用所学知识完成了“新贵族”系列针织女装的设计，形成了项目成果，培养了创新意识，提高了创新能力。

参考文献

[1] 哈莉特·沃斯利 . 改变时尚的 100 个观念 [M]. 台北：脸谱出版（城邦文化事业股份有限公司），2012.

[2] 诺埃尔·帕洛莫·乐文斯基 . 世界上最具影响力的服装设计师 [M]. 北京：中国纺织出版社，2014.

[3] 王勇 . 针织服装设计 [M]. 上海：东华大学出版社，2017.

[4] 崔西·费兹杰罗 , 艾莉深森·泰勒 . 服装设计圣经 [M]. 台北：旗林文化出版社有限公司，2015.

[5] 玛尼·弗格 . 时尚通史 [M]. 北京：中信出版集团，2016.

[6] 卡罗尔·布朗 . 国际针织服装设计 [M]. 上海：东华大学出版社，2019.

[7] 曾丽 . 针织服装设计 [M]. 北京：中国纺织出版社，2018.

[8] 陈燕 . 毛衫工艺设计 [M]. 北京：中国纺织出版社，2017.

[9] 卢华山 . 针织毛衫工艺技术 [M]. 上海：东华大学出版社，2013.

[10]Missoni2018 秋冬时装秀

http://shows.Vogue.com.cn/Missoni/2018-aw-RTW/

[11]BCBG Max Azria 2017 早春系列

http://www.fengsung.com/n-160630144916367.html

[12]2017 春夏米兰时装周 BLUGIRL 秀场

http://3g.yoka.com/m/id896394

[13]Christian Dior 2018 早春度假系列

http://www.sohu.com/a/140816321_578099

[14]Roland Mouret2017 春夏时装秀

http://shows.Vogue.com.cn/Roland-Mouret/2017-ss-RTW/

[15]DKNY2017 春夏时装秀 http://shows.Vogue.com.cn/Donna-Karan-New-York/2017-ss-RTW/

[16]Marc Jacobs2018 秋冬时装秀

http://shows.Vogue.com.cn/marc-jacobs/2018-aw-RTW/runway/photo-660234.html

[17]Vetements 2017 春夏系列秀场

http://www.fashiontrenddigest.com/brand/a/31540-1.shtml

[18]Loewe 2017 秋冬秀场

http://photo.pclady.com.cn/pic/77129.html

[19]CHANEL2018/2019 早春度假系列

http://www.sohu.com/a/230776030_116152

[20]Sonia Rykiel 2017 春夏秀场

http://shows.Vogue.com.cn/Sonia-Rykiel/2017-ss-RTW/

[21]VERSACE 2018 秋冬系列

http://www.eeff.net/thread-2021234-1-1.html

[22]Thom Browne2017 秋冬时装秀

http://shows.Vogue.com.cn/Thom-Browne/2017-aw-RTW/runway/photo-608550.html

[23]2017 秋冬米兰时装周 Elisabetta Franchi 秀场

http://www.yoka.com/fashion/model/2017/0227/pic50184701194200.shtml